ANGELO SPADONI

MESSIA D'AZIENDA

&
**La Fondamentale
Natura dell'Universo**

CON UNA CONOSCENZA ISPIRATA
CHE SVELA I SEGRETI DELL'UNIVERSO
POTRÀ UN GRUPPO DI ESPERTI DIRIGENTI
SVIARE IL MONDO DALL'AUTO-DISTRUZIONE
VERSO UNA INIMMAGINABILE PROSPERITÀ PER TUTTI?

Bozza / Proof Text
Traduzione Italiana dall'Inglese originale

ISBN: 0989000338
ISBN-13: 9780989000338
Biblioteca del Congresso numero di controllo: 2013902916
3rd Notch Publishing

Messia d'Azienda & la natura fondamentale dell'universo
Compreso
La natura fondamentale dell'universo (FNU) Appendice in corso 1.0 (contorno)
www.wikappendix.com

Bozza / Proof Text – Limited Printing

Messia d'Azienda e La Natura Fondamentale Dell'universo

Angelo Spadoni

NOTA: Questo libro contiene descrizioni di un nuovo ramo del dominio intellettuale. Se interessati a far parte di questo sforzo, compresa l'apporto di assistenza scientifica e finanziaria, si prega di contattare l'autore presso www.angelospadoni.com.

Questo libro è dedicato alla mia famiglia e agli amici per il loro amore duraturo,e al mio gruppo di lavoro per continuare a sopportarmi. Un sentito grazie a Lucio e a Cristiana per il loro impegno nel tradurre questo libro in Italiano.

CONTENUTO

Elenco Delle Figure (Immagini Piena Pagina Possono Essere Scaricati a www.Wikappendix.Com)

INTRODUZIONE

Grazie per avere il tempo di leggere questo libro.

Questo libro è classificato come una storia di fantascienza; tuttavia, la parte "scientifica" della storia è vera. Esso comprende una nuova teoria sulla natura fondamentale dell'universo che descrive come tutta la materia nell'universo si muove in un preciso movimento spirografico, e questo movimento è la causa principale di tutte le forze conosciuti e fenomeni materiali. Come descritto in dettaglio, questa teoria del preciso movimento spirografico fornisce una base per il progresso scientifico, compresa una nuova equazione dell'energia che rende $E = MC^2$ obsoleta, una spiegazione meccanicistica di gravità, e, un nuovo modello cinematico della struttura atomica che è superiore al modello di Bohr.

Se siete interessati solo alla nuova "scienza" presentata in questo libro, vi prego di leggere i capitoli 6 e 7, e la parte successiva del capitolo 8. Convengo che questa informazione non viene presentata attraverso i normali canali di revisione usati tra scienziati e la pubblicazione di nuove scoperte scientifiche. È veramente importante? Personalmente posso testimoniare che questo lavoro è il risultato di oltre quattro decenni di sforzo cognitivo che include una educazione formale in scienze e ingegneria presso un'università accreditata.

Mi sono permesso di includere un capitolo sulla spiritualità del personaggio principale, perché io personalmente credo che sia un argomento più importante di ogni scoperta scientifica. Se non siete interessati a conoscere quello che il personaggio principale crede e le pratiche della sua vita privata, saltate il capitolo 4. Attualmente sto installando un programma in cui una riscrittura del capitolo 4 può essere presentata da persone di tutte le fedi, compresi atei ed agnostici, si prega di visitare il sito www.corporatemessiah.com. Agli scrittori prescelti sarà pagata una royalty, e ancora una volta, queste "riscritture" potranno essere godute con la sana comprensione che ognuno di noi ha la libertà di praticare ciò in cui crede nel suo proprio paese.

Se siete più interessati alla parte di fantascienza di questo libro, allora lasciate che vi presento il signor Miles Manta, un uomo d'onore con un dono unico, che stà per premere il grilletto e lanciare uno sforzo meticolosamente pianificato per salvare il mondo dall'autodistruzione.

Cordiali saluti,
Angelo Spadoni
San Diego, California

CAPITOLO 1

L'ESPOSIZIONE DI UN SUCCESSO

Le persone del pubblico erano in punta di piedi, e perché non avrebbero dovuto esserlo? L'oratore incarnava la più incredibile storia di successo che si possa immaginare. Ogni cosa che Miles Manta toccava si trasformava in oro.

Questo era un pubblico speciale, perché si giocava in casa di Manta a San Francisco, California, e il pubblico era parte di una organizzazione con cui lui era cresciuto e da cui era stato nutrito. Aveva iniziato molto giovane, con questa organizzazione, ma ormai era diventato un membro riconosciuto e distinto.

L'organizzazione esclusiva si chiamava Trek, ed era composta da CEO's (amministratori delegati) votati al successo. I membri si incontravano almeno una volta al mese per discutere e aiutarsi reciprocamente con i problemi normalmente affrontati dai CEO's. La premessa della organizzazione era che gli amministratori delegati fossero spesso isolati per loro vocazione. Dopo tutto, su chi meglio confidare in materia aziendale che i colleghi amministratori delegati? Il CEO non poteva confidare sui suoi dipendenti, familiari o amici. Come potevano aspettarsi di ottenere un punto di vista obiettivo in materia aziendale da parte di qualcuno che lavorava sotto di loro, soprattutto se questo anche solo lontanamente influenzava la posizione della persona in azienda? Questi avrebbero voluto che il tempo della famiglia fosse per la famiglia e non per il lavoro. E, nonostante le buone intenzioni di amici, la pietà o l'invidia avrebbero potuto influenzare le loro relazioni. E se gli amici erano come una famiglia, sarebbe stato inopportuno coinvolgerli con opprimenti problemi aziendali.

Trek era stata fondata per riunire questi CEO, tipi solitari ,a ricevere pareri oggettivi su questioni delicate. Sì, è vero che si è soli al comando, ma la mitica connotazione di questo cliché è che questi tipi CEO di solito sono spietati, strapagati, e megalomani egoisti. In realtà, la maggior parte degli amministratori delegati sono stressati, oberati di lavoro, e lottano con individui indebitati che cercano di far quadrare i libri-paga e sopravvivere nel mondo brutale del capitalismo.

La presentazione di Manta era ispirata, parlava con i piedi per terra, sul prendersi cura di un mercato di riferimento. Egli suggeriva alle aziende di non sbilanciarsi oltre le loro capacità, e che la crescita reale e gestibile poteva essere raggiunta enfatizzando la qualità rispetto alla quantità.

Però il nocciolo della presentazione che aveva appena esposto non era la cosa più importante che lui aveva in mente. Poco dopo la sua presentazione c'era stato stato l'incontro con il suo gruppo specifico Trek, il Team T9, e sarebbe stato il suo turno di stare davanti a loro per descrivere una questione o un problema, e ricevere input e feedback da parte dei suoi altamente qualificati colleghi membri del gruppo. Non avevano idea di quello che sarebbe successo.

Così, dopo circa un'ora di chiacchiere e spuntini a base di gustosi antipasti fuori della sala, i membri del gruppo di T9, nei loro eleganti abiti d'affari, scivolarono in una sala riunioni isolata per condurre il loro incontro privato.

Il gruppo T9 consisteva di dodici amministratori delegati oltre al leader del gruppo. All'interno di questo gruppo esisteva un coesione assortita e una sezione trasversale di culture, di industrie, background, e diversità finanziarie. Ciò che tutti avevano in comune, comunque, era che le loro aziende trattavano affari su scala globale, erano protagonisti nei loro specifici campi di impegno, e tutti avevano filiali nell'area della baia di San Francisco.

Miles Manta aveva formato questo gruppo circa otto anni prima. Solamente tre anni prima aveva iniziato come semplice membro impiegato di Trek Era insolito, o addirittura inaudito, per una persona di salire dallo stato di nuovo membro a capogruppo in soli tre anni. Ma allora, nessuno aveva mai messo così tanto tempo, fatica, e ingegno per migliorare le operazioni, la portata, e il successo dell'organizzazione Trek internazionale. I membri del consiglio di Trek avevano riconosciuto le capacità e abilità di Manta, e erano stati entusiasti di vedere la sua crescita all'interno dell'organizzazione. Manta aveva usato il meglio delle sue capacità persuasive per ottenere il permesso dai capi supremi di Trek di formare il suo gruppo, e lui non si sarebbe fermato davanti a nulla per arrivare a questo momento.

Da quando il Gruppo T9 si era formato, i membri avevano tutti imparato a conoscersi molto bene, e avevano sviluppato immensa fiducia tra di loro. Infatti, la loro fiducia reciproca e lealtà era simile a quella di un patto romano o un reggimento di berretti verdi. Era inconcepibile per qualcuno di loro a tradire la fiducia idi qualsiasi informazione, sia personale, professionale, in qualsiasi circostanza o situazione.

Oltre al leader del gruppo Miles Manta, fondatore di Manta globale, una società di varie imprese ad alta tecnologia che svolgono attività in tutto il mondo dalla loro base a San Francisco, in California, il Gruppo T9 era composto dalle seguenti persone:

1. Bill Oliver: CEO e fondatore di List Soft-una società di software di computer con sede a Houston, Texas, e San Francisco, California

2. Drew Gardner: CEO di Barramundi, Ltd., una società mineraria e chimica con sede in Australia

3. Claire Wyndham: amministratore delegato della società editrice Britannica Wyndham Press, specializzata in notizie e pubblicazioni didattiche

4. Phillip Kruger: un avvocato Sudafricano di affari internazionale e responsabile del Kruger Legale Internazionale

5. Walter Baroni: il fondatore Svizzero di Baroni Group, una holding immobiliare assicurative e

6. Malik Leduc: CEO di Mondeau in Francia, una utility di produzione e società di servizi globale

7. Katerina Kovalenko: Amministratore Delegato di Sistemi KB-come Energy service provider di petrolio e gas a Mosca

8. Carl Zhang: un industriale Cinese e CEO di Macro Manufacturing, specializzata nella produzione di prodotti di consumo

9. Takashi Tanaka: fondatore e CEO di Intratel-telefono e internet service provider a Tokyo

10. Marcos Ramirez: CEO di Omega Energy, un broker di servizi energetici dal Brasile

11. Rajneesh Patel: CEO di MMC, Ltd., una azienda di produzione e commerciale diversificata con sede in India impegnata nel settore dei metalli e minerali

12. Carlos Islas: CEO di Montesa – un'azienda Spagnola costruttrice di navi e società dell'industria pesante con servizi in tutta l'America Latina.

Per ogni riunione mensile, Trek aveva un ordine del giorno diverso. Ci potevano essere oratori ospiti, sessioni di lavoro di gruppo, workshop o incontri speciali accantonati per affrontare i problemi comuni e problemi CEO affrontate. Questo particolare incontro era stato un tipico incontro "focus group" in cui un singolo membro del gruppo, o il capogruppo, avrebbe avuto modo di alzarsi e descrivere un problema o questione che lui o lei stava affrontando. Poi l'intero gruppo avrebbe deliberato il modo migliore per affrontare il problema o la questione.

Oggi, nel gruppo T9, era stato il giorno di Manta di prendere la parola, e non vedeva l'ora, sebbene nervoso, di cominciare presentazione. Per condurre l'incontro, la posizione di presidente era stata affidata a Bill Oliver, che sedeva a capo del tavolo. Schiarendosi la gola e tamburellando sul tavolo, Bill aveva iniziato il meeting, e tutti i membri asi erano accostati più vicino al tavolo e avevano rivolto gli occhi verso la parte anteriore della sala.

"Oggi abbiamo il nostro distinto capogruppo, signor Miles Manta, che presenterà un problema corrente per il nostro incontro Focus Group. Quest'oggi egli ci ha già dato una anticipazione ispiratrice della presentazione, e sono ansioso di sentire quale problema ha per tutti noi da contribuire a risolvere. E' un onore averlo come nostro capogruppo e imparare dal suo esempio. " disse Bill, mentre faceva circolare una copia dell'ordine del giorno della riunione a ciascun partecipante. "Comunque, prima di cominciare con Miles, abbiamo qualche questione di cui occuparci. Vi prego di dare un'occhiata all'ordine del giorno di fronte a voi. "

Dopo circa dieci minuti di discussione degli affari correnti del gruppo, incluso la conferma dei dettagli della riunione del prossimo mese,luogo e oratore, Bill diede la parola a Manta. L'uomo del giorno prese posizione nella parte anteriore della stanza. Rimase un po 'a disagio davanti al gruppo. C'era qualcosa di diverso in lui. Il suo respiro sembrava irregolare. Chiuse gli occhi e borbottò qualcosa a se stesso, come una preghiera, usando entrambe le mani per appoggiarsi al tavolo come per stabilizzarsi. Il resto del gruppo notò questi strani comportamenti.

"Stai bene?" Chiese Bill. "Hai bisogno di sederti o bere un bicchiere d'acqua?"

"No, stò bene," disse Manta, mentre osservava intorno al tavolo ogni membro che aveva curato fino questo momento.

Con un'espressione stanca, alzò lo sguardo verso il gruppo e disse: "Voglio rivelare a tutti voi dove io ho barato. Non ho fatto nulla di illegale, che io sappia, ma ho avuto un vantaggio ingiusto che ho usato per mio beneficio personale. Non è questa la definizione di barare? "

La stanza era silenziosa. Le espressioni serie sui volti dei membri tradivano i sentimenti interiori che questo tipo di rivelazione può causare. Nonostante una lunga storia di costruzione di rapporti di fiducia con gli altri, le persone tendono a reagire in modo diverso a questo tipo di confessione. Alcuni dei membri stavano pensando a come potergli dare il beneficio del dubbio. Altri vedevano questo tipo di ammissione come una situazione potenzialmente catastrofica in cui una mela marcia può rovinare l'intero gruppo, e aveva bisogno di essere stroncata sul nascere. Manta sapeva cosa stava passando per le loro menti.

Bill interruppe il silenzio. "Miles, com'è che ritieni di aver barato?"

"Come ho detto," Manta rispose: "Ho avuto un vantaggio sleale. Non ho rubato o infranto nessuna legge. Ma ... mi è stata dato un dono. "Manta si fermò a causa della vulnerabilità e sollievo che provava a confessare finalmente questo al suo gruppo. "E io sento che ho tradito lo scopo di questo dono. L'ho usato per arricchire me stesso. "Si fermò di nuovo guardando intorno alla stanza. "Da quando ho sviluppato un rapporto di fiducia con tutti voi," Manta ha continuato, "mi auguro che mi ascolterete e non mi abbandonerete, o penserete che io sia pazzo."

"In nome di Dio, che cosa hai fatto?" Chiese Bill in tono premuroso ma preoccupato.

"OK. Ricordate quando sostenni quegli esami di medio termine al college? " chiese Manta. "Beh, è come se avessi visto prima le copie degli esami, e conoscessi le domande e le risposte in anticipo."

"Stai dicendo che puoi vedere nel futuro?" domandò Drew nel suo pesante accento australiano.

"Non esattamente," rispose Manta. "A quanto pare, IO sono dal futuro." Manta raddrizzò la schiena e mantenne un'espressione facciale seria e severa, come se si stesse preparando a testimoniare sotto giuramento.

LA REAZIONE

Manta si guardò intorno e vide molte sopracciglia aggrottate e sguardi perplessi, e alcuni dei membri del gruppo si appoggiarono allo schienale con le braccia incrociate e guardavano come per assicurarsi che non stesse scherzando.

"Molto divertente. Qualcuno controlli il calendario. Non è primo aprile, vero? "Chiese Marcos.

Tutti erano ora in attesa per la battuta finale. Ma dopo un lungo silenzio imbarazzato,

poterono vedere che Manta era rimasto serio. Non aveva battuto ciglio.

Ora, questo era un gruppo di dirigenti di alto livello, dove il tempo era denaro, e in vari gradi, tutti erano agitati. Alcuni nascosero le loro agitazione con espressioni perplesse, mentre altri stavano diventando visibilmente infastiditi.

"OK, allora. Chi vuole iniziare la discussione su come possiamo aiutare Manta con il suo problema? "Chiese Bill, grattandosi la testa e cercando di mantenere una certa normalità.

"Questo dovrebbe essere facile", ha detto Phillip. "Solamente chiediamo a Miles di dimostrare la sua abilità dicendoci chi vincerà la partita Euro Cup di domani."

"Ah, ah! No, non posso dirvi chi vincerà domani, "Manta puntò di nuovo a Phillip, che era noto per tenere sempre un occhio al suo smart phone per gli aggiornamenti sportivi. "Non so cosa accadrà domani, come non avrei potuto dire chi avrebbe vinto un'incontro di gladiatori se fossi trasportato indietro nel primo secolo a Roma. La mia conoscenza è limitata ", ha detto Manta, cercando di mantenere una parvenza di pazienza.

"Beh, che cosa ci puoi dire sul futuro in generale?" chiese Walter. "Phil ha proposto uno scenario ragionevole. Dovresti essere in grado di dimostrarci che vieni dal futuro con qualche dimostrazione convincente che possiamo verificare. "

"Sì, posso farlo", ha detto Manta. "Ma ci sono alcuni problemi con la vostra apparentemente semplice richiesta. Il principale è che gli eventi futuri non possono essere fissati. Le cose potrebbero cambiare bruscamente, così le mie previsioni potrebbe essere sbagliate. Rivelare informazioni circa il futuro potrebbe cambiare gli eventi in modo serio. Le cose buone possono diventare cose cattive. E le cose brutte ... beh, potrebbero diventare anche peggiori. La vostra semplice richiesta apre complessi dilemmi etici e morali che credo nessuna persona o gruppo potrebbe risolvere. Andiamo, gente, non pensate che io non ci abbia ragionato sopra? Non pensate che non abbia considerato tutte le possibili implicazioni? "Manta si avvicinò alla finestra e si mise le mani in tasca mentre raccoglieva i suoi pensieri.

Dopo pochi secondi, si schiarì la gola e tornò verso la parte anteriore della stanza e continuò. "Tutti voi avete dimostrato di essere abili croupier di carte in ognuno dei vostri campi di impegno. Se dovessi rivelare a voi eventi specifici, chissà come gestireste questa conoscenza? In gravi questioni di vita o di morte, agiremmo tutti in modo da preservare le nostre vite e le nostre famiglie. Forse la vostra istintiva corruttibile natura umana potrebbe tradire la vostra capacità di essere razionali. Sì, siete tutti corruttibili, in una certa misura. Proprio come lo sono stato io. Ricordate, noi tutti abbiamo giurato fedeltà alla convinzione fondamentale che abbiamo bisogno di controlli ed equilibri. Tutti abbiamo accettato il fatto che siamo corruttibili. "

"Hmmm. Ciò solleva un'altra domanda per me ", disse Walter. "Perché tu hai ha questa capacità o dono che pretendi di avere?"

"In realtà, c'è un'intera gamma di questioni di cosa, dove, come, quando, e perché," intervenne Malik, che si raddrizzò sulla sedia e si sentiva frustrato perché Manta non offriva spiegazioni abbastanza velocemente per soddisfare il suo interesse.

"Sì, sì, certo," rispose Manta. "Ho anticipato questo giorno per anni. Tu sai che io sono diventato molto vicino a tutti voi. Abbiamo fatto le vacanze insieme. Siamo passati attraverso varie sfide e prove insieme. Alcuni di noi hanno cresciuto i nostri figli insieme. Durante tutto questo tempo, ho anticipato le vostre reazioni alla mia eventuale rivelazione.

"So tutto di voi e il tipo di persone che siete", disse Manta. "Abbiamo tutti familiarità con i supereroi che si trovano nei fumetti. Beh, tutti voi siete supereroi; tranne che voi non siete il genere fumetto. Voi siete i veri supereroi di cui questo mondo ha bisogno per salvare se stesso. "Manta si guardò intorno e guardò negli occhi dei suoi compagni di gruppo che non erano solo i membri, ma alcuni dei suoi amici più stretti. Egli aveva veramente a cuore questa gente e sapeva che anche loro avevavo a cuore lui. Aveva rimuginato più volte nella sua testa come questo giorno sarebbe andato e sperava solo che stava scegliendo le migliori parole, ora che era arrivato il momento. Sperava che non lo avrebbero abbandonato. Egli aveva bisogno del loro sostegno e delle loro connessioni. Vide la confusione nei loro occhi, ma vide la lealtà pure, che si può vedere nei buoni amici. Sperava solo che non lo avrebbero abbandonato ora.

Manta continuò, "Sono preoccupato che voi pensiate che io mi sia approfittato di voi. Nel corso degli ultimi otto anni, vi ho scelto uno ad uno per questo scopo. Ho passato gli ultimi otto anni a perfezionare tutti voi per questo giorno. Perché pensate che vi ho fatto esercitare ad isolarvi dalle vostre aziende con sistemi esistenti e crearvi dei pupilli pronti a intervenire in qualsiasi momento? Perché pensate che vi ho fatto esercitare a creare i vostri profili che non solo rivelassero i vostri tratti di personalità, punti di forza e debolezze, ma anche i tratti di coloro che vi circondavano? Quando necessario, ho organizzato le infusioni di capitali per essere sicuro che le vostre aziende non fossero sottocapitalizzate durante le recessioni. Quei consulenti e investitori esterni che ho presentato ad alcuni di voi, stavano lavorando per me. "uno sguardo perplesso si diffuse in tutta la stanza.

"Fondamentalmente dovete sapere",disse Manta, "Ho cercato di trovare quello che credo sia l'approccio migliore per la rivelazione delle informazioni che sto per condividere. Nessuno di voi dovrebbe essere sorpreso da questo. Voi conoscete la premeditazione necessaria per realizzare tutto quello che ho fatto nelle mie imprese. Sapete come meticoloso e sistematico sono stato nel comunicare i bisogni, gli obiettivi e le aspettative delle mie imprese e dell'organizzazione Trek. Perché dovrei trattare tale questione in modo diverso? "chiese Manta.

"Sì, sappiamo tutti come sei meticoloso nelle tue niziative imprenditoriali," intervenne Katrina, che sembrava un po' esasperata. "Ma non abbiamo idea di dove stai andando con questo. Sono cresciuta nel sistema sovietico, e questo tipo di manipolazione dietro le quinte mi ricorda la mia esperienza con il KGB e il loro livello di controllo, non che io facessi parte del KGB o qualcosa di simile, ma ci si sente come se noi tutti siamo stati manipolati in qualche modo ", disse in modo serio.

"Capisco come ti devi sentire, e ti chiedo di indulgere con me un po' di più", rispose Manta. "posso affrontare la parte 'perché' della mia rivelazione a voi oggi, ma credo che ci sia una ragione ed uno scopo per cui questo è successo proprio a me. E' mia comprensione che io ho avuto una grande responsabilità. Può sembrare complicato, ma il bello è che non c'è bisogno che voi capiate o addirittura accettiate la mia spiegazione. "Manta potè sentire alcuni membri tirare grandi respiri e rilasciare pesanti sospiri. Vide alcuni di loro scambiarsi sguardi tra di loro e poteva dire che stavano cercando di dimenticare che si erano sentiti traditi poc'anzi.

Manta prese un grande respiro anche lui e continuò. "E 'come un credo religioso. Sappiamo all'interno del nostro gruppo alcuni di noi aderiscono a radicate credenze del Cristianesimo, Ebraismo, Islam, e varie fedi orientali, come pure l'ateismo e agnosticismo. Tuttavia, non abbiamo mai permesso a queste differenze di impedire a noi e allle nostre famiglie di associarsi e giocare insieme. Perché? Poiché la base prevalente del nostro rapporto è stato il vantaggio del business reciproco. Abbiamo un terreno comune nella necessità di base di sopravvivere e di provvedere per le nostre famiglie e per le famiglie dei nostri dipendenti ".

Manta poteva vedere le loro espressioni facciali ammorbidirsi. Avrebbe potuto sentire cadere uno spillo durante la sua pausa mentre tutti gli occhi erano fissi su di lui e nessuno si mosse ai loro posti. "Non ho bisogno di venire dal futuro per descrivere l'importanza dei moderni rapporti commerciali. O come facilmente interessi economici possano esser d'ostacolo oltre i conflitti razziali e culturali per fare amicizie al di là dei nemici, o viceversa. Tutti voi siete astutamente consapevoli del significato nel mondo di oggi di multinazionali, di comunicazioni istantanee, di trasporto senza ostacoli, e di come l'uso diffuso della lingua inglese è stato utilizzato per superare le barriere linguistiche. Voi tutti sapete che sono le nostre moderne imprese che daranno forma al mondo come lo conosciamo, o distruggerlo. Ancora una volta, sto toccando la parte perché della mia rivelazione. Credo sinceramente che apportare conoscenza critica al mondo dell'impresa privata può essere il motivo principale per cui sono stato mandato qui in questo tempo e in questo luogo. "

"Inviato da chi?" Esclamò Carl, che parlava con più emozione rispetto al normale.

"Risponderò al meglio delle mie capacità. Ma prima di farlo, ecco cosa vorrei raccomandare, o meglio, quello che io chiedo da voi, "Manta disse al gruppo. "In primo luogo, confido di tenere queste discussioni riservate, che è già implicito nel credo del nostro gruppo. Chiedo anche di avere in esclusiva le registrazioni di questo e dei futuri incontri che coprono l'argomento che discuteremo. Inoltre, farò del mio meglio per fornire una risposta generale a una domanda specifica da ciascuno di voi, ma manterrò anche la facoltà di non rispondere, o di rispondere nel modo migliore che credo. In altre parole, non vi potrete lamentare se la mia risposta non è abbastanza specifica. Più avanti vedrete perché questo deve essere così. Poi, vi chiedo che si organizzino tre incontri di otto ore entro la prossima settimana per continuare questa discussione, in quanto non c'è modo che possiamo arrivare al nocciolo di ciò che sto cercando di trasmettere entro il termine di questo incontro.

"Come avrete probabilmente capito, non è un caso che io abbia organizzato per il nostro Gruppo T9 un ritiro famiglia per la prossima settimana al "Napa Estate, e sò che tutte le vostre famiglie sono già in città. Infine, chiedo che mettiamo ai voti al termine di questo incontro la verifica se siamo tutti d'accordo. Se qualcuno di voi non gradisce continuare, lo prego di dirlo pubblicamente, alla fine della riunione, e sarà dispensato da ulteriori discussioni ", disse Manta.

"Questo è un'importante svolta per la portata e lo scopo di questo gruppo", disse Takashi realisticamente. "Oltre alla pretesa oltraggiosa e apparentemente ridicola che vieni dal futuro, in larga misura, sembra che che tu stia prendendo il nostro formato reciprocamente collaborativo e trasformandolo nel tuo proprio veicolo per sostenere qualche scandalosa agenda personale. Mi sento come se ci stessero derubando. "Apparvero teste che annuivano in tutto il gruppo.

"Takashi, non mi sorprende affatto che alcuni di voi si sentano in questo modo", disse Manta. "Allora permettimi di parlarti chiaramente. Non sto chiedendo a qualcuno di voi di fare nulla che metta in pericolo il vostro benessere professionale o finanziario. Sono pronto a pagare qualunque cosa chiederai. Il denaro non è importante per me, a questo punto. So quanto sia importante il flusso di denaro per voi, e le vostre responsabilità verso l'azienda e i suoi dipendenti. Vi risarcirò tutti per il vostro tempo e le opportunità perse. Chiedo solo tre incontri entro la prossima settimana. Avete la possibilità di cancellare tutto in qualsiasi momento, e, in base al nostro statuto vigente, mi potete espellere per votazione da questo gruppo in qualsiasi momento. Potreste anche mandarmi in un manicomio per votazione, se lo desiderate. "

"Senti, Miles, abbiamo visto la tua capacità di convincere i migliori di loro", disse Marcos. "Penso che ora dovremmo prenderci un po 'di tempo per discutere questo fra il gruppo, prima di procedere alla votazione al termine della riunione. E, ad essere onesti, in base alla natura unica della presentazione, penso che la discussione non dovrebbe includere te ". Marcos espresse il parere di tutto il gruppo.

"Capisco,", disse Manta. "Ricordati, però, Marcos, questo è il mio giorno per comunicare le mie esigenze al gruppo. Ho ancora le solite quattro ore per presentare il mio tema di oggi e ricevere feedback. "

"Sì, sei libero di parlare e chiedere ciò che vuoi da noi", disse Bill. "Dopo tutto, hai portato il caffè e ciambelle. Mi ricordo nel settantasei, nel mio gruppo Trek di prima, quando un giovane presentò la sua collezione di rettili al gruppo. Non ho mai pensato che uno potesse essere morso. "Bill ridacchiò mentre la ricordava. "OK, vediamo ..." Bill continuò. "Tutto ciò è molto insolito. Uhmm ... OK. Io vi dico una cosa. Miles, potresti per favore lasciare la stanza e darci una ventina di minuti? "

"Certo, non c'è problema", disse Manta. "Vado a fare una passeggiata lungo il corridoio e tornerò tra venti minuti. Oh, c'è un'altra cosa. Verso le 5 di questo pomeriggio, ci sarà una tragedia terribile per l'uso di una bomba nucleare contro i civili. Voglio assicurarvi che voi e le vostre famiglie siete al sicuro, e che non c'è assolutamente niente che tu o io possiamo fare per prevenire che questa tragedia si verifichi". Con questo, lasciò la stanza.

CAPITOLO 2

PROVA E ACCETTAZIONE

Venti minuti più tardi, Miles Manta rientrò nella stanza.

"Ti prego di prendere la parola, Miles,", disse Bill.

"Allora, che cosa hai deciso di fare?" chiese Manta mentre prendeva il suo posto nella parte anteriore della stanza.

"Be ', Miles, ci hai messo in una situazione imbarazzante", disse Bill. "Tecnicamente, sei sulla strada giusta: a te la parola per quattro ore, ora hai ancora tre ore e sei libero di parlare di quello che vuoi."

"Voglio dare volentieri il mio tempo personale se Miles ne ha bisogno", lo interruppe Rajneesh. Rajneesh era da lungo tempo un veterano di Trek e un'autorità in status. Il gruppo lo consultava ogni volta che le questioni procedurali avevano bisogno di chiarimenti.

"Ne prendo nota," disse Bill. "Siamo obbligati a sentire la tua presentazione e aiutarti con il problema nel modo più sincero e schietto di cui siamo in grado. Siamo anche obbligati a prendere in considerazione i tuoi termini. Per quanto riguarda il commento che hai fatto quando hai lasciato la stanza di una bomba nucleare ... siamo tutti scioccati che tu potresti scherzare così con noi. Possiamo solo supporre che stavi cercando di attirare la nostra attenzione e stavi scherzando, perché la realtà di una cosa del genere è incoprensibile. Non abbiamo altra scelta, ma per cercare di agire come se non avessimo udito ".

"Capisco le vostre reazioni", disse Manta. "Spero di aiutarvi a capire la mia situazione, e di come la mia ansia si ingigantisce ogni sera prima di andare a letto. Dopo aver spiegato le mie esperienze, potrete apprezzare il fatto che avevo due opzioni. Potevo utilizzare farmaci per costringermi a dormire, o potevo lavorare così duramente da cadere con la faccia nel cuscino ogni notte. Ho scelto la seconda. Non mi lamento. Come sapete, oltre ad essere un maniaco del lavoro, ho vissuto anche comodamente. "

Il gruppo poteva capire che, dal momento che molti avevano lavorato duro come aveva fatto lui, ma quello che non potevano comprendere, però, erano i sentimenti di ansia che Manta provava. Erano ansiosi di saperne di più. Molti dei membri stessi adagiati nelle loro sedie intrecciarono le mani con i gomiti appoggiati ai braccioli . Erano pronti che Manta si spiegasse ulteriormente e gli diedero la loro piena e esclusiva attenzione.

"Con questo," disse Manta, "cerchiamo di discutere il chi, cosa, dove, come, quando, e perché."

Manta si alzò dritto in piedi mentre iniziava la sua spiegazione. "Cominciamo con il chi, o me. Chi sono io veramente ", disse Manta. "Come sapete, io sono cresciuto velocemente. Quando avevo quattordici anni, il mio migliore amico era un ventottenne laureato. Mi ricordo che andavamo alle feste del college e uscivamo a bere birra mentre avevamo conversazioni di alto livello. Sapevo che stavo andando fuori di testa.

"Potrei farla franca con l'associazione con le persone più grandi perché ero il più giovane di dieci figli. I miei amici intimi erano amici dei miei fratelli più grandi. Non pensate che sia strano che, dopo i dieci anni, io non abbia mai avuto un amico che avesse la mia età? Non potevo relazionarmi con la loro ignoranza del mondo che li circondava, e loro certamente non potevano relazionarsi a me. Perdippiù mia madre dopo avere avuto dieci figli, non sapeva nemmeno che io esistessi, dove mi trovavo, o quello che stavo facendo. Ha sempre presunto che i miei fratelli e sorelle mi stessero curando. "

Manta si fermò per un attimo mentre pensava alla sua fanciullezza, la sua libertà e la sua capacità di essere così invisibile e innocentemente innocuo a chi gli stava intorno. Continuò, "Con il tempo ho raggiunto i miei primi vent'anni, ero come un piolo quadrato che cercava di inserirsi in un foro rotondo. Non potevo e avevo alcun interesse a sviluppare relazioni con le persone. Quando dormivo, avevo cominciato ad avere sogni di luoghi e persone che avevo conosciuto e che mi conoscevano, ma non erano parte della mia vita reale di veglia. Poi ho iniziato a sognare durante il giorno, mentre ero sveglio. Ma non stavo davvero sognando; era più come ispirazioni. Stavo pensando chiaramente di persone che non avevo mai incontrato e di luoghi che non avevo mai visitato. Avevo frequenti esperienze di déjà vu che quasi mi paralizzavano. Cercavo di riferire queste esperienze ad altri, tra cui psichiatri professionisti, ma nessuno mi poteva aiutare o spiegare che cosa mi stava succedendo.

"Lo dico con umiltà: una sensazione molto forte che ho avuto è stato un incredibile senso di fiducia in me stesso", disse Manta. "Ho sentito veramente che avrei potuto fare tutto ciò che volevo. Tutto quello che dovevo fare era mettere la mia mente ad esso e lavorarci. Suona abbastanza semplice, non è vero? Ma è stato diverso per me, soprattutto perché tutto ciò sy cui mi impeggnavo, mi accorgevo ne sapevo di più della maggior parte dei materiali di riferimento che avevo studiato. La mia padronanza automatica di vari soggetti mi alienava un sacco di miei coetanei e professori, e divenni seriamente minaccioso a molte persone di alto livello. Mai mettere in ombra il padrone, giusto? Naturalmente, le persone si aspettano che tu abbia fatto dell'apprendistato prima di pretendere di essere un esperto.

"Io non voglio che voi pensiate che io sia un angelo, ma questa fiducia in me stesso era strettamente legata ad un senso di moralità. Io intrinsecamente sapevo che se avessi tradito lo scopo di questo dono tutto sarebbe perduto. Spero che voi capiate perché ho così attentamente pianificato e previsto quetsa mia comunicazione a voi. Quasi tutto quello che ho fatto negli ultimi undici anni è stato con lo scopo di arrivare a questo giorno per farvi questa rivelazione. Per liberarmi dal senso di colpa di non aver realizzato il mio scopo.

"Facevo specialmente un sogno, che era particolarmente reale e vivido. Sognavo che ero seduto su una sedia in una stanza con un grande schermo televisivo. Il mio corpo era fissato alla sedia e non avevo la sensazione di braccia o gambe. Una donna entrava nella stanza e si trovava di fronte a me, tra me e lo schermo televisivo di grandi dimensioni. Stava cercando di parlare con me. Avete mai avuto il tipo di sogno in cui si stà tentando di eseguire, o tirare un pugno, e le membra non funzionino? "Alcuni dei membri del gruppo annuirono con la testa e borbottarono" sì. "

Manta continuò. "Beh, in questo caso, non erano solo mie membra. Non avevo la capacità di parlare. Stavo cercando di comunicare le mie esigenze a questa persona. Potevo capire ogni parola che veniva detta a me, e sapevo che questa persona stava facendo ogni sforzo per capirmi e aiutarmi. Mi sforzavo con tutta la mia abilità, però, cercando di raccontare a questa persona quanto mi importasse profondamente, e di descrivere quanto l'amavo, e anche gli altri che mi visitavano regolarmente e si prendevano cura di me. Ma era un esercizio di futilità. Potevo solo grugnire e scuotere la testa con violenza. Era ovvio per me che l'altra persona era frustrata come lo ero io. Il sogno mi ha turbato per anni.

"Ho avuto un momento cruciale quando avevo 24 anni di età. Era una mattina di Sabato, e io ero seduto nel mio salotto con un senso generale di malinconia, come facevo spesso, quando il mio campanello squillò. Risposi alla porta, e una persona religiosa se ne stava lì offrendomi letteratura biblica. Mi disse che le loro pubblicazione davano descrizioni profetiche di eventi che si verificherebbero in un prossimo futuro. Mi chiese che cosa pensavo che il futuro riservasse per l'umanità.

"A questo punto, il mio spirito competitivo è venuto fuori e l'ho affrontato con la mia serie di domande, comprese le questioni su chi fosse l'autore della Bibbia. In risposta, ha aperto quella che ha definito una traduzione inter-lineare della Bibbia, che comprendeva una traduzione parola per parola in inglese dal testo greco. La riga in inglese era scritto proprio sotto ogni riga in greco. Per impressionarmi che la sua opinione era basata sulla Bibbia cominciò a rispondere alla mia domanda con la lettura di un versetto del testo greco in quello che era apparentemente la sua prima lingua.

"Questa era la prima volta che io avevo mai visto scritto qualcosa in greco. E non avevo mai sentito in vita mia la lingua greca parlata ad alta voce. Il Greco non viene semplicemente sentito molto spesso negli Stati Uniti.

"Ma mi resi conto, mentre lo ascoltavo e guardavo il testo greco, che potevo capirlo fluentemente.

"Ora, capite questo: anche se potevo dominare molti soggetti, l'arte delle lingue non era uno di loro. Avevo solo due anni di spagnolo al liceo. Andavo bene in classe, e per la strada me la cavavo, ma non ero per niente fluente in spagnolo.

"Immaginate la mia sorpresa quando ho spontaneamente parlato greco a questa persona. Era come se tutta la frustrazione repressa che avevo provato in quel sogno follemente vivido fosse immediatamente svanita. Ero consumato da una profonda maledetta paura. Mi sentivo molto nauseato. L'ultima cosa che ricordo stavo cercando di raggiungere la ringhiera del mio portico.

"Quando sono rinvenuto, ero su una barella sorretta da un EMT(squadra di primo soccorso). A quanto pare ero crollato e avevo battuto il viso rotolando sugli scalini del mio portico. C'era sangue dappertutto. Vi risparmio tutti i dettagli delle mie ferite.

"Avete sentito parlare di persone che hanno avuto trasformazioni religiose; o forse ne avete avuta una voi stessi ", disse Manta. "Si sente parlare di celebrità come Cassius Clay che diventano Muhammad Ali, e dei Beatles che adottano Maharishi Yogi, e, naturalmente, ci sono milioni di persone meno note che fanno improvvisamente conversioni radicali. Beh, io non voglio spaventarvi del tutto, e prometto di non cercare di convertirvi, ma il rivelarvi la mia esperienza come un risveglio spirituale è il miglior esempio che posso usare per descrivere quello che è successo a me. Voglio mettere in chiaro che non voglio avere discussioni religiose con nessuno di voi; Temo che avrei potuto alienarvi da me interferendo pregiudizi religiosi, e insisto che teniamo le nostre credenze religiose fuori dal gruppo.

"La mia apparente trasformazione religioso era ovviamente più radicale delle altre", disse Manta. "Nel corso di molti mesi, ho avuto visioni e sogni. C'era un tira-e-molla. Nei miei sogni sentivo il respiro pesante come un toro infuriato. Mi sentivo provocato da visioni. Ho visto il cielo rosso sangue, il più profondo colore rosso che si possa immaginare. Erano tempi estremamente spaventosi per me, ma alla fine sono giunto alla mia propria conclusione su chi ero e da dove ero venuto.

"Ho speso una notevole quantità di tempo e risorse in Grecia e Macedonia alla ricerca di risposte. Sono diventato molto esperto sulla Grecia e la cultura greca. O forse io ero già un esperto prima ancora di iniziare. In entrambi i casi, dalla mia ricerca bibliografica o dai miei viaggi, non ho mai trovato nulla in senso materiale che facesse luce sulla mia storia. "

"Cosa vuoi dire 'in senso materiale' ? Chiese Carlos scettico.

"Voglio dire cose fisiche come città, case, piazze che potevo riconoscere o sapevo di esserci stato prima. Persino il Partenone che non mi dovrebbe essere intimamente familiare, come se fosse identificato con la mia nazionalità ", disse Manta.

"Quindi, se volete veramente sapere chi sono, io credo di essere ... o ero ... una persona afflitta da un grave caso di di autismo, e che ha vissuto in un paese di lingua greca circa 400 anni nel futuro. La mia conoscenza della storia è soprattutto quella di una persona seduta davanti a quello schermo televisivo per praticamente tutta la mia preesistenza. Probabilmente sono stato messo in un istituto e non ho mai viaggiato al di là delle pareti esterne. Chi lo sa ... ", disse Manta.

"Chi ero o da dove sono venuto non sono cose importanti; quello che credo sia il motivo per cui sono qui è di essere apparentemente venuto come un messaggero ", rivelò Manta lentamente. Egli aveva immaginato che questa parte della sua divulgazione avrebbe potuto essere come camminare sul ghiaccio sottile.

"Miles, devo dire che non mi sembri proprio sicuro di quello che stai dicendo. Ad esempio, tu dici 'apparentemente' è per questo che sei venuto. Non mi sembra molto convincente ", interruppe Drew.

"Buon punto", disse Manta. "Ho detto 'apparentemente' perché io davvero non lo so. Non sono sicuro di un sacco di cose. A volte sono sicuro di quello che sono, poi un minuto dopo mi sento come se stessi volando fuori dai miei pantaloni. A volte mi sembra come se io solo capisco abbastanza per aiutarmi a superare il momento successivo. Altre volte sono così concentrato che posso davvero vedere le cose prima che accadano. Come ho detto, la mia esperienza è a metà tra uno stato onirico e uno stato di essere intensamente ispirato.

"Dovete capire", disse Manta, "che le cose che vi stò sto dicendo sono le mie proprie interpretazioni. Forse io non sono venuto dal futuro. Forse in qualche modo questa idea è stato piantata nella mia testa. Posso solo descrivervi il modo in cui io ho avuto questa esperienza, il modo in cui l'ho interpretata. Eppure, alla fine, non importa chi sono o da dove vengo. Ciò che conta è l'importanza di ciò che vi devo dire. Se voi avrete una migliore comprensione del perché sono qui, o di che cosa mi fà avere queste esperienze, per favore fatemelo sapere.

"Così, detto questo, permettetemi di spiegarvi la mia interpretazione del perchè sono qui, e quello che credo sia la cosa giusta da fare", disse Manta mentre camminava lungo il lato della stanza, prese il leggio che era contro la parete, e lo piazzò nella parte anteriore della sala per poggiarvi alcuni dei suoi appunti.

"In primo luogo, qualcosa è andato seriamente storto con il mondo di oggi. Sia che crediate nelle storie della Bibbia o no, usiamole come esempi perché sono ben conosciute e ampiamente utilizzate. Ricordate la storia di quando la gente del mondo divenne così malvagia che Dio mandò il diluvio? O ricordate la storia di un gruppo di persone schiave di un faraone malvagio, e il Dio della Bibbia fece accadere delle cose, come il fuoco che uscì dal cielo e il mare che si aprì in due, per consentire loro di fuggire? Beh, in ogni caso, queste cose non dovevano accadere, tranne che qualcosa andò storto che creò la necessità di intervento diretto. A quanto pare ci sono momenti in cui qualcosa deve essere fatto per correggere il corso della storia. Mi piacerebbe credere che questi interventi fossero per il meglio. Mi aspetto che un sacco di gente non sarebbe d'accordo con questo, soprattutto se i vostri cari fossero annegati nel diluvio o nelle pareti d'acqua che si rovesciavano. Ma, in ogni caso, tutti dovrebbero sapere, o avrebbero dovuto avere un certo interesse di conoscere queste cose, circa le prossime opzioni. Ad esempio, così và la storia, tutti sapevano che Noè stava costruendo un'arca e avevano l'opportunità di unirsi a lui e costruire più arche. C'erano dieci piaghe che precedevano l'eventuale esodo dall'Egitto, e apparentemente un vasta società mista di egiziani si unì agli Israeliti.

"Noi semplicemente non conosciamo tutti i fatti riguardanti queste calamità del passato", disse Manta. "Ma, dalla mia ricerca e comprensione, vi era una giustificazione per le azioni di Dio secondo le leggi del paese. C'era un diritto legale per Dio di intervenire e di cambiare il corso della storia, se Dio lo riteneva necessario. Ecco perché io credo di essere stato mandato. C'è una scadenza di tempo che mi obbliga a diffondere le informazioni che ho, per cui un cambiamento può essere fatto. Se una correzione non viene effettuata, il tempo permesso per l'attività umana sulla Terra potrebbe essere alterato in modo tale da creare un dilemma per una persona molto importante.

In altre parole, lui, lei, esso, loro, qualunque sia, chiunque tu voglia chiamare Dio, non permetterà al suo programma di essere alterato da attività umane che prematuramente danneggino la Terra.

"Un altro esempio dalla Bibbia è la Torre di Babele", disse Manta. "In questo caso, le persone sapevano che si sarebbero dovute spargere e coprire l'intera Terra. Esse sfidarono quest'ordine e insistettero nel restare insieme in un unico luogo per costruire una grande torre.

"Siamo in grado di recepire molta comprensione da quello che il Dio della Bibbia disse in quel momento. Disse "niente che vorranno fare sarà loro impossibile."

"Secondo la storia, la loro lingua fu confusa quindi non poterono finire la torre, e loro piani furono sventati. In altre parole, qualcosa doveva essere fatto per fermare questa gente. In caso contrario, l'umanità avrebbe progredito così rapidamente che i greci o gli etruschi avrebbero potuto svilupparsi e distruggere la Terra con le armi nucleari fin dal secondo millennio AC.

"Credo che questo incidente con la Torre di Babele sia strettamente legato con quello che è successo a me", disse Manta. "Pare che ci debba essere un altro aggiustamento, e questa volta io sono il messaggero. Nel caso della Torre di Babele, qualcosa fu messo nella testa di quelle persone, cioè un intero nuovo vocabolario. Nel mio caso, si tratta di informazioni sulle leggi della scienza che sono state messe nella mia testa. E' possibile che Isaac Newton o altri abbiano ricevuto informazioni simili. "

Walter guardò intorno ai diversi membri del gruppo cercando di capire se doveva dire qualcosa o no. Poi saltò sù, "OK, OK, tutto questo stà diventando troppo strano. Se abbiamo intenzione di continuare con questo, abbiamo bisogno di una prova solida. Tu hai detto che avremmo potuto fare domande sul futuro, il che implica che potremmo provare la validità della tua conoscenza profetica, così possiamo cominciare con le domande? "

"Be ', non proprio," replicò Manta. "È possibile riudire la registrazione per sentire esattamente quello che ho detto." Si rese conto che poteva sembrare un po 'aggressivo, così si fermò e con calma cercò di spiegare, "io posso essere limitato in quello che dico per ragioni morali o etiche. O forse sono io che semplicemente non conosco la risposta. "Manta fece una pausa per raccogliere i suoi pensieri dopo l'interruzione. Non aveva esattamente finito con la sua questione e quello che stava dicendo, ma avvertiva che il gruppo voleva che lui passasse velocemente alla parte di domande e risposte che aveva promesso.

"Sì, OK, arriviamoci", disse Manta. "Ognuno di voi ha una domanda. Cominciamo alla mia sinistra con Malik e poi chiunque abbia una domanda dopo di questa, per favore parli.

"OK, Malik, tu vai per primo."

"Va bene", disse Malik mentre raccoglieva rapidamente i suoi pensieri sul momento. "Dicci ... ci sarà la pace in Medio Oriente?"

Malik si rimise seduto tutto incuriosito di come Manta stava per rispondere. Tutti gli altri erano altrettanto attenti.Era una così strana sensazione per ognuno del gruppo, di iniziare il giro di domande e possibilmente conoscere il futuro. Si sentivano come se fossero personaggi di un film di fantascienza.

"Sì", disse Manta. "ci sarà pace in Medio Oriente. Ciò che porterà a questa pace sarà un gesto compiuto da un gruppo di persone. In realtà, nel futuro, è universalmente conosciuto come 'Il più Grande Gesto' di tutta la storia umana. Per ora, vorrei lasciare le cose come stanno. Questo è tutto quello che posso rischiare di dirvi, e devo ricordare a tutti voi di tenere questo segreto, e tutto il resto che dico. Potete immaginare quanto sarebbe terribile per me fornire dettagli e possibilmente mandare a monte quello che è considerato uno dei punti di svolta più positivi della storia umana? Mentre passiamo attraverso altre domande cercherò di tornare su questo argomento con maggiori informazioni che possono far più luce sulla domanda di Malik. "

Si sentiva rassicurato il gruppo aveva capito questo dalle lenti annuizioni che vedeva intorno al tavolo. Rimasero in silenzio e lui poteva capire che stavano cercando di digerire le informazioni e cogliere la realtà della situazione di questo incontro. Ci fu una pausa piuttosto lunga dopo che Manta ebbe finito di rispondere alla domanda di Malik.

Phillip ruppe il silenzio battendo il suo dito indice sul tavolo, poi alzando la mano fino a ottenere l'attenzione di Manta. "OK, Phillip, è il tuo turno", disse Manta.

Phillip ruppe il silenzio in modo che tutti potevano chiaramente sentirlo da un capo all'altro del tavolo. "Miles, mi piacerebbe sapere se, in futuro, i criminali verranno mandati in carcere. Ci sarà la pena di morte? Che succederà? Perché sò che più di una su trentadue persone sono in carcere o in un correzionale negli Stati Uniti, e si prevede un peggioramento. Che cosa succederà? Voglio dire, questo problema ci affonderà? "

"Questa è una buona domanda, Phil, e io non sono sorpreso che tu la faccia, in considerazione dello sfondo del sistema giudiziario", rispose Manta. "Le cose saranno molto diverse in futuro per quanto riguarda le carceri. In futuro, il mondo diventerà molto più commerciale, e questo si riferisce a una tendenza che si vede ora dove un sacco di servizi pubblici sono in appalto a società private. In futuro, la differenza è che questi imprenditori privati faranno offerte su base mondiale. Non ci saranno restrizioni nel ricevere offerte da qualsiasi parte del mondo. Come si vede, le società carcerarie di maggior successo sono in Nord Africa. La maggior parte dei prigionieri dagli Stati Uniti verranno inviati in Somalia e in Etiopia. Ai prigionieri verrà applicato un chip ai fini di identificazione, e diventeranno soggetti del rispettivo paese a cui sono stati inviati. Quindi, come si può immaginare, in futuro, andare in prigione sarà qualcosa da temere, e i prigionieri saranno trattati come una merce. Ma diventerà un grande e fiorente business con una buona dose di concorrenza e di scambi. Per qualche ragione, le Province del Nord del continente africano sembreranno condurre il business meglio di chiunque altro. Quando si pensa a queste aree oggi, è difficile immaginare con tutta la corruzione, la pirateria, e la povertà, che sia possibile fare un commercio legittimo. In futuro sarà molto diverso, e il mercato competitivo per i prigionieri porterà a strutture e programmi di qualità più alti, senza eguali in tutto il mondo. In futuro, i sistemi giudiziari non avranno problemi a mandare persone in prigione perché avranno così tante opzioni tra cui scegliere. I sistemi giudiziari continuamente rivedranno e controlleranno i servizi e potranno richiamare i prigionieri, o spedirli a un altro istituto concorrente, in qualsiasi momento. Degli incentivi saranno stati inclusi nel sistema per i prigionieri che vorranno uscire di prigione e ritornare al loro paese d'origine. Inoltre, vi sarà un grande incentivo per potenziali criminali a rispettare le leggi in modo da non andare in prigione, in primo luogo ".

L'espressione di Manta cambiò e prese un sorso d'acqua e guardò fuori dalla finestra. Il gruppo poteva dire che la risposta di Manta era completa ed era pronto a passare alla domanda successiva. Claire, che era stato tranquilla finora durante la presentazione di Manta, parlò dalla metà destra del tavolo. "Miles, a me capita di essere interessata all'istruzione. Ci saranno ancora gli asili e scuole fino alla 12esima classe e Licei e Università? O ci immaginiamo che inietteremo soltanto la conoscenza nella testa delle persone o prenderemo una pillola o qualcosa del genere? "

"Claire, amica mia,questa è una grande domanda. E io non sono sorpreso che tu la faccia perché sò che la tua passione e carriera sono state strettamente legate al miglioramento dell'educazione, e tu lo sai che questa è in continua evoluzione ", disse Manta. "L'educazione sarà incredibilmente diversa in futuro. In realtà, direi che di tutti i veri cambiamenti tra ora e il mio tempo, in futuro, l'educazione sarà uno dei più radicali, soprattuttoper quanto riguarda la fase dall'asilo alla sesta classe.

"Ci saranno grandi cambiamenti nel mondo, che includeranno rivoluzioni in tutto il mondo. Gli storici lo chiameranno il 'Giardino della rivoluzione.' Probabilmente tu potrai supporre che sia una sorta di opposto della rivoluzione industriale. Ora io non sarò uno storico, in futuro, cosicchè ciò che vi dico ora è quello che ho imparato e non necessariamente un resoconto storico completo.

"Dovrebbe essere ovvio che il concetto del mondo industriale non può continuare così come lo conosciamo. Davvero, il consumismo di massa che oggi conosciamo derivò dalle due guerre mondiali. Sì, Henry Ford costruì la prima linea di montaggio e pagava i lavoratori abbastanza per acquistare i prodotti che stavano facendo, e questo ci ha iniziato sulla strada per il consumismo, ma sono state le guerre mondiali che hanno messo il vero caos in movimento. Quando si costruiscono fabbriche per la produzione di milioni di aerei da guerra, carri armati e cannoni, che cosa succede quando finisce la guerra? Beh, si continua a costruire e creare economie basate sul consumatore, che alla fine consumano tutte le risorse mondiali a rotta di collo. Quindi, alla fine ci sarà di schianto un arresto a questo modo di vita basato sull'industria. Il Giardino dela Rivoluzione porterà alla caduta dei sobborghi, dopo ci si accorgerà che le periferie erano state progettate per rendere le persone dipendenti da automobili e servizi inutili. La gente, o ritornerà a una vita urbana, o si trasferirà in comunità agricole. L'espansione delle periferie sarà riciclata come zone agricole, giardini comunitari, o ripristinati ad habitat naturali, dispersi in piccole aree urbane ad alta densità, simili ai paesi collinari della Toscana. Ma questa è un'altra storia.

"Per rispondere alla tua domanda circa l'educazione, però: in poche parole, la rivoluzione industriale, e tutto ciò che ha portato, ha creato un sacco di bambini disfunzionali e infelici diminuendo l'importanza del nucleo familiare di base. In poche parole, la sopravvivenza della razza umana dipende da bambini stabili e funzionali. Una delle principali eredità del Giardino della Rivoluzione è la pratica standard che praticamente tutti i bambini di età compresa tra 3 e 12 anni verranno cresciuti in comunità stile fattoria, che raccolgono piante e allevano animali. Nel caso in cui la residenza principale della famiglia si trovasse in città, i genitori dalla città si trasferiranno alla fattoria per vivere con i loro figli durante questi anni formativi. L'importanza di questi anni di formazione comprende la formazione di abitudini alimentari sane e, sorprendentemente, maggiormente in contatto con i germi. L'esposizione al suolo e agli animali in un ambiente agricolo aiuta i bambini a formare anticorpi sani, con il risultato di enormi riduzioni dei costi di assistenza sanitaria per la società. Sì, questo verrà preso sul serio. Dopo questa istruzione primaria, i bambini avranno una grande varietà di scelte per la scuola media e scuola superiore. Molti continueranno nei lavori connessi all'agricoltura, molti continueranno con le scuole professionali, e solo alcuni seguiranno gli studi accademici. La ricerca del mondo accademico non sarà sicuramente altamente propagandata in futuro, come lo è oggi. Andare a scuola di medicina in futuro sarà considerato una scuola professionale. Il concetto di educare i figli con un'istruzione in agricoltura sarà ciò che darà a tutte le persone un collegamento con i processi naturali che sostengono la Terra. In futuro non ci saranno scuse per la disoccupazione o il randagismo, quando tutti sapremo che potremo lavorare, mangiare, e avere un rifugio in una fattoria. E tornando alla fattoria, se si incontreranno tempi duri, non saranno visti come gente umile o inferiore. Molte persone che esercitano un'attività lucrativa faranno una pratica regolare di 'tornare alla fattoria' per la salute e i benefici spirituali che può fornire. Sarà come rivivere la tua infanzia. E non si deve pensare che questo sia solo un lavoro di bassa qualifica. 'Il tornare alla fattoria' può comportare un lavoro più affascinante in scienze animali e orticoltura. Molti dei più bei giardini e prodotti del mondo provengono da questi programmi di lavoro.

Manta concluse la risposta alla domanda, restò in piedi accanto al leggio, e appoggiò il braccio sul lato di questo. Di seguito parlò Katerina dall'altro lato del tavolo, molto francamente. "Miles, il mondo rimarrà senza petrolio? E quale sarà la fonte del nostro consumo di energia? "

"No, non rimarremo a corto di petrolio", cominciò Manta. "Il prezzo del petrolio oscillerà continuamente a seconda della domanda e dell'offerta. Più importante, vi sarà una fornitura di energia abbondante disponibile da una varietà di fonti, e noi parleremo di questo in seguito. Diventeremo completamente svezzati dalla nostra dipendenza dal petrolio greggio. Per quanto riguarda i prodotti petroliferi liquidi, quelli derivati dalla biomassa saranno popolari perché potranno essere più facilmente trasportati e immagazzinati. Invece di raffinerie, ci saranno "convertitori" che trasformeranno la biomassa in prodotti petroliferi liquidi, compreso il combustibile. I convertitori saranno relativamente poco costosi da costruire, in modo che possano essere installati dove si trovano le forniture di biomassa. I veicoli elettrici saranno popolari in alcune comunità nel futuro, compresi i veicoli personali chiamati 'vetture- tram "che gireranno su una rete di rotaie sopraelevate e deriveranno la loro energia dalla rotaia stessa, simile ai tram di oggi. Le rotaie vetture-tram sopraelevate andrannoo bene perché non interromperanno i percorsi di migrazione degli animali, e durante le prime ore della notte veicoli di trasporto automatici consegneranno i prodotti da e verso le aree urbane in maniera automatizzata, cosicchè non ci sarà molto traffico durante il giorno. Sorprendentemente, le auto personali che funzioneranno a bio-combustibili liquidi saranno popolari tra gli appassionati per le loro prestazioni, l'indipendenza, e la nostalgia. Capirete che i sistemi di combustione a bassa pressione del futuro saranno molto più puliti rispetto a quelli utilizzate oggi, e che il veicolo medio pendolare a combustibile liquido può percorrere circa un centinaio di miglia per gallone. Inoltre, l'intera industria automobilistica in futuro sarà diversa perché non molte persone possiederanno vetture, e l'infrastruttura delle strade non sarà quella che vediamo oggi perché sono semplicemente troppo costose da mantenere. Stili di vita urbani e sistemi di trasporto pubblico saranno talmente superiori che possedere una macchina per il futuro sarà come per qualcuno possedere un cavallo oggi. Sì, ci saranno gli appassionati di auto, ma le auto saranno più costose e problematiche, rispetto alle alternative. "

Manta cambiò di nuovo posizione e si fermò dietro il leggio con le mani nelle tasche del vestito. Rajneesh fu il successivo a porre la sua domanda. Si schiarì la gola e parlò dal fondo del tavolo.

"Miles, qual è il futuro della religione? So che hai detto che hai avuto qualche tipo di esperienza religiosa. Ma c'è un punto di vista largamente condiviso in questo paese che la religione sta diventando obsoleta ed è la causa principale di guerre e divisioni. Che succederà? "

"Ottima domanda, Rajneesh," rispose Manta. "La religione sicuramente non finirà. Infatti, diventerà grande e organizzata come sempre. Ci sarà molto di più tolleranza tra le persone di diverse credi. In futuro, giudicare qualcuno esclusivamente sulla base della sua fede religiosa sarebbe come a presentarsi ad un evento pubblico oggi rivestito di svastiche. Sarebbe inaudito.

"Visitare luoghi e persone di diverse culture e religioni sarà uno dei passatempi più frequenti. Uno dei maggiori cambiamenti nel futuro sarà qualcosa che voi potreste trovare un pò comico. In futuro, la religione si fonderà con il turismo. "Appena Manta disse questo, vide molte teste inclinarsi e i membri soffocare delle risatine. Sapeva che doveva suonare un pò pazzo per loro, ma era sorpreso di quanto bene stavano ricevendo tutte queste nuove informazioni.

Continuò "Quello che succederà in futuro sarà che la maggior parte delle religioni consolidate formerà quello che verranno chiamate " città-tempio". Si potrebbe indovinare dove si trovano alcune città-tempio: I mormoni avranno Salt Lake City, i cattolici avranno Roma, gli ebrei avranno Nuova

Gerusalemme, gli indù avranno Puri in India, e i musulmani avranno Nuova Mecca. Queste città soprattutto soddisfaceranno le vacanze dei viaggiatori e le organizzazioni turistiche. Qualsiasi persona che visiterà queste città sarà trattata con la massima attenzione e considerazione. Queste città saranno i mezzi principali per convertire le persone a una religione. In realtà, non vi sarà generalmente alcun proselitismo al di fuori della città-tempio.Quanta gente godrà le loro vacanze in questo modo sarà un riflesso dell'organizzazione religiosa ospitante stessa. E saranno tutti molto bravi a servire i turisti. Il modello di città tempio sarà in realtà in sintonia con un bisogno fondamentale che la maggior parte delle persone hanno di mostrare spiritualità, ma sarà tutto su un piano di parità relativa a un'esperienza puramente laica e culturale.

"Quando si visiterà una città tempio, vi sentirete davvero come se steste visitando la gente nelle loro case private. Anche oggi, sappiamo che è una caratteristica comune per le persone ricevere con piacere dei visitatori nelle loro case, e assicurarsi di prendersi cura di loro. Questa caratteristica sarà particolarmente intrinseca con le persone che vivranno e lavoreranno nelle città tempio. Questo ha dimostrato di funzionare molto bene per preservare i costumi e i valori fondamentali di diverse religioni e stili di vita dell'umanità, e per condividere queste radici culturali con gli altri. Una caratteristica interessante delle città tempio sarà che il migliore edificio sarà destinato ad ospitare i visitatori. Ad esempio, non si vedranno mai case private sul lungomare o nelle aree di bella vista nelle città-tempio. Questi edifici principali sono riservati ai visitatori, o anche residenti della città-tempio che passano le vacanze nella loro città-tempio. Questo non significa che le aree edificabili principali non saranno necessariamente attrezzate con grandi alberghi. In molti casi saranno conservati come habitat naturali, con modeste abitazioni tradizionali, che dimostrano come le persone possono coesistere con la flora e la fauna naturali.

"Ci saranno persone che si immergeranno nella cultura della città-tempio. Alcuni saranno chiamati 'grilli,' perché vivranno un anno come cattolico devoto, poi l'anno prossimo salteranno a vivere come monaco indù. Questo non verrà fatto per una vera conversione religiosa; si tratta di una pura esperienza culturale. Proprio come un musicista che passa dalla musica gamelan indonesiana alla musica mariachi messicana, cambio dell'intero guardaroba e stramberie del genere. Si tratta di culture diverse, e ciò che questo farà apprezzare alla gente, sarà il riconoscimento che tutti noi abbiamo un'origine comune. Questa origine sono le nostre radici comuni agli inizi della civiltà in qella che gli studiosi di oggi chiamano Mesopotamia.

"In futuro, i fili comuni tra le diverse fedi diventeranno più evidenti. L'esempio più semplice è come le fedi ebraica e musulmana identificano Abramo come loro patriarca, poichè i musulmani discendono da Ismaele primogenito figlio di Abramo, e il popolo ebraico è disceso dal suo secondo figlio Isacco.

"E, naturalmente, il turismo religioso nelle città tempio sarà un business redditizio che muoverà le ruote del commercio e degli affari. Poiché saranno in gioco i mezzi di sussistenza delle persone, vi sarà pure un fattore intrinseco di sicurezza con questo sistema. Ad esempio, in alcune delle città tempio più tradizionali, in quelli che sono oggi percepiti come luoghi che un occidentale non dovrebbe mai visitare, se una persona fosse sorpresa a minacciare o derubare un turista, un tribunale locale potrebbe avere la persona lapidata a morte. Succederà di rado, e ci saranno controlli e contromisure, ma potrà succedere. Il punto sarà che i residenti di una città tempio prenderanno la sicurezza dei loro ospiti molto seriamente. Non voglio farlo suonare così rigidamente. Basti pensare a come Disneyland, dove si dà molta di attenzione ad un fluente libero accesso all'intrattenimento delle famiglie , ma voi sapete quanto dietro le quinte la sicurezza sia stretta. "

"OK, il mio turno", disse Bill Oliver. "Il mondo sarà distrutto dal riscaldamento globale? Si scioglieranno i poli? "

"No, il mondo non sarà distrutto dal riscaldamento globale", disse Manta. "Penso che la risposta alla tua domanda sia in realtà uno dei motivi principali per cui sono stato inviato."

Manta si fermò e guardò l'orologio sulla parete di fondo. Erano le 16:50 "È ora di accendere la TV. Per favore sintonizza il canale CNN, Bill ".

Bill seguì le indicazioni di Manta e si alzò e accese il televisore in un angolo di fronte alla sala, mentre il gruppo iniziava a girare le sedie verso l'angolo. Bill sintonizzò la CNN, e dopo pochi minuti l'annunciatore TV apparve sullo schermo dicendo: "Interrompiamo questo programma per portarvi una edizione speciale."

CAPITOLO 3

UNA GRANDE CALAMITÀ — INEVITABILE OLOCAUSTO NUCLEARE

"Questa è la CNN in diretta dall' Afghanistan", disse l'inviato speciale dall'estero. "Alle 20:00 ora orientale degli Stati Uniti oggi, ventotto febbraio, un grande fungo atomico si è formato sopra la città di Chebala. C'è stata ovviamente una esplosione nucleare. In questo momento non è noto chi ha lanciato questo attacco. Il bilancio delle vittime sarà nell'ordine delle decine di migliaia di persone. E 'noto che questa zona era una roccaforte di combattenti talebani, ma in città ci sono anche installazioni militari degli Stati Uniti, della NATO, e non NATO. Ero in città ieri per un servizio su una storia locale e ho potuto personalmente verificare che vi erano centinaia, forse migliaia, di truppe Usa e Nato. Nessuno ha rivendicato la responsabilità ", aggiunse l'inviato.

Un altro giornalista interruppe. "Questo video è appena arrivato da un operatore amatoriale." La visione mostra una esplosione nucleare visto da una città vicina a circa 20 miglia di distanza. La detonazione sembrava delle dimensioni dell' esplosione di Hiroshima o Nagasaki.

Mentre il telegiornale continuava, vari esperti esprimevano le loro opinioni. "Questa sembra un'esplosione di venti megatoni, probabilmente esplosa a livello del suolo," disse un comandante US Air Force in pensione. Il telegiornale continuava ad offrire interviste con testimoni locali che si sovrapponevano con videoclip ripetuti dell'esplosione. In poco tempo, i videoclip mostravano scampati e sopravvissuti che fuggivano dal territorio. La gente iniziò a chiedere, "Dove è il presidente?" "Che cosa i russi hanno da dire?" "E 'la nostra nazione in allerta tattico?" E così via.

Un inviato speciale spiegava, "C'è angoscia fra tutti gli amici e parenti delle vittime. Finora molti gruppi puntano il dito uno contro l'altro, ma nessuno si è fatto avanti per reclamare la responsabilità. "

LA FINE DELLE DOMANDE

Ci fu un silenzio assoluto in sala, mentre i rapporti iniziali stavano arrivando.

Manta spense la TV e ha raccomandò una pausa nella sessione affinchè tutti potessero chiamare le loro famiglie. Ricordò loro l'accordo, e disse loro di non discutere la sua predizione.

Bill chiese a tutti di ritrovarsi nella sala riunioni tra mezz'ora. Tutti i membri del gruppo di T9, con i loro telefoni in mano, uscirono dalla sala per chiamare i loro coniugi, figli e genitori.

Entro 30 minuti tutti i membri lentamente cominciarono ad affluire di nuovo nella sala riunioni. Quando furono ritornati tutti e ebbero preso posto, Bill si alzò, guardò Manta e disse, "Miles, ci dici ancora una volta, come hai fatto a sapere che questo stava per accadere?"

"Te l'ho detto, credo che io vengo dal futuro", disse Manta mentre guardava dritto negli occhi di Bill.

"No," dichiarò Bill alzando la voce con forza e puntando verso lo schermo televisivo ormai buio, "dimmi come lo sapevi. Quando? Dove? Quale fonte? "

"Non posso esattamente farlo," rispose Manta, cercando di mantenere calma la sala. "A quanto pare, anche se io ero seriamente disabile nella mia altra vita, sono stato in grado di conoscere gli eventi storici. L'incidente di Chebala è una delle più famose cospirazioni di tutta la storia. Proprio così, sapete, non ci sarà mai una soluzione a questo incidente. Nessuno potrà mai fare un passo avanti. Ci saranno centinaia di diverse teorie di complotto. Mi capita di credere che sia stato uno scienziato impazzito, forse dall'India o dal Pakistan, che ha aderito al movimento jihadista. Avrebbe potuto tranquillamente e discretamente costruire una bomba nucleare con esplosivi convenzionali, una raccolta di detonatori convenzionali, una piccola fonderia, materiale fissile, e un personal computer. Ricordate, Einstein credeva che il vero potere dell'arma nucleare fosse la sua semplicità. E' possibile la bomba sia stata costruita con materiale fissile di contrabbando, o forse con una nuova scoperta in materiale non fissibile. Nessuno ha alcuna prova perché tutto e tutti sono stati distrutti, tra cui, probabilmente, il costruttore della bomba. E' anche possibile che sia stata innescata accidentalmente.

"Comunque, io avevo profonda conoscenza di questo incidente perché, in futuro, verrà considerato come uno degli eventi più importanti nella storia umana - come il 7 dicembre 1941, o il 9/11", spiegò Manta.

"Dove e quando hai saputo di tutto questo?" chiese Drew scettico.

"Ho cercato di spiegarlo prima. Ho ricevuto tutte le mie informazioni in una stanza da qualche parte con un grande schermo TV. Ho vissuto lì e probabilmente non l'ho mai lasciata ", disse Manta.

"In che periodo di tempo e esattamente dove hai vissuto? E soprattutto, perché non avresti potuto fare qualcosa per evitare che questa tragedia accadessa ?! "domandò Claire, che si sentiva piuttosto esasperata e aveva le lacrime agli occhi.

Manta si fermò a raccogliere l'emozione in sala. E' una sensazione pesante da portarsi dentro aver appena sentito di un evento devastante, sia una calamità naturale o un atto di terrorismo. Manta aveva saputo di questo evento per anni, così lui stava cercando di rimanere sensibile al fatto che questo gruppo di suoi amici si era appena confrontato con la notizia appena un'ora fa, ed erano ancora in un certo stato di shock.

"Ho fatto quello che ho potuto; devi credermi su questo. Negli ultimi dieci anni ho lavorato su diverse strategie, tra cui la comunicazione al personale di servizi segreti e investigazioni private. Ma devi capire che non c'era nulla che potessi fare, a meno forse di peggiorare le cose. Non è importante a questo punto spiegare le mie azioni o, piuttosto, le mie omissioni. E penso di aver risposto ad abbastanza domande per ora ", disse Manta.

"Dicci, allora, Miles. Che cosa è importante? " chiese Carl, un po 'cinicamente.

"Quello che è importante è l'informazione che ho da diffondere a voi. Desidero fare questo in un certo periodo di tempo. Ho pensato che tre riunioni basterebbero e, come ho detto prima, non è un caso che voi tutti sarete qui la prossima settimana con le vostre famiglie. Dovete capire che questo giorno, e la settimana che segue,hanno rappresentato tutto il mio scopo per gli ultimi otto anni; Ho costruito questo gruppo, ho incluso ognuno di voi per un motivo ", disse Manta.

"Tu hai detto di avere avuto una esperienza religiosa. Sei un prete di qualche tipo? Stiamo per avere anche noi un'esperienza religiosa simile? " chiese Carlos con impazienza dalla sedia accanto a Bill.

"No, assolutamente no", ha detto Manta. "E 'essenziale che le nostre discussioni rimangano puramente secolari. E, no, io non sono un prete. Il mio scopo non è di comprensione religiosa; si tratta di comprensione scientifica. Sì, questa è stata una esperienza religiosa per me, ma questo è il mio percorso personale. Per quanto riguarda il significato religioso che questo ha a che fare con il mondo, lasciare ai teologi di capirlo. "

"Allora, Miles, dove, o dovrei chiedere, come si comincia?" Chiese Rajneesh con entusiasmo.

"Pensa a quello che abbiamo visto negli ultimi pochi decenni", disse Manta, mentre si spostava verso il lato del leggio per rispondere a questa domanda. "Abbiamo visto il mondo in una congiuntura economica al ribasso, e poi, di colpo! Il computer ha cambiato tutta la situazione. Poi abbiamo visto il mondo di nuovo in una tendenza al ribasso, e, sorpresa! Internet ha cambiato l'economia dell'intero mondo. I cicli altalenanti del mercato delle case e proprietà immobiliari reagiscono sempre agli effetti economici di questi privati sovvertitori del gioco. Ora i governi stanno minacciando il default, e la gente non vede che cosa riuscirà a tirarci fuori. Quello che vedremo in futuro è che le persone perderanno la fede nella scienza, e per buone ragioni. Un sacco della cosiddetta scienza sta diventando come le pubblicità commerciali. Il tempo rivelerà che miliardi di dollari vengono spesi per una scienza arretrata. Quando questo sarà scoperto, sarà come la prossima crisi bancaria, dove un sacco di persone avevano un controlloeccessivo, si sono riempite le tasche, e poi con loro "strategie di uscita, 'sono sparite.

"Ma, siamo diventati troppo dipendenti dalla scienza. A quanto pare, le conseguenze sociali e ambientali di lasciare che i nostri sforzi scientifici finiscano in un vicolo cieco sono così significative che qualcuno o qualcosa di ordine superiore dovrà intervenire con un cambiamento, ed è qui che entriamo in gioco noi. Forse è qualcosa di simile a un piano di salvataggio delle banche. Almeno questa è la mia convinzione o spiegazione, "Manta disse in modo informale.

"Mi spiego in questo modo", disse Manta, appena notò alcuni sguardi confusi. "La realtà della situazione in tutto il mondo è che l'umanità non può continuare ad esistere senza la GE, la Mitsubishi, i Krupp, o la Hyundai. Non voglio suonare come un predicatore, ma c'è solo un modo per comunicare questo. In passato, il Dio della Bibbia usava i governi del mondo per realizzare il suo scopo. Oggi, i governi sono sempre meno in grado di funzionare in modo responsabile per soddisfare le esigenze fisiche delle persone. I governi sono resi inefficaci da paralisi-by-analisi interna e frammentazione in partiti interni. C'è troppa polarizzazione, che mina gli sforzi, troppe influenze esterne, e troppi innesti. Ancora una volta, non voglio che voi accettiate la mia interpretazione o le mie credenze. Potete interpretare ciò che sta accadendo nel modo in cui lo vedete, e farmelo sapere in seguito.

"Vedete," continuò Manta ", la struttura societaria è più adattabile al cambiamento, consentendo al soggetto di mantenere l'utilità e la redditività.

Senza cambiamento ci si può estinguere. Come ben sapete, nonostante quello che un sacco di aziende pubblicizzano, il motore principale del nostro più alto tenore di vita non è la bontà di cuore. Il motivo principale è il profitto, ma, il profitto arriva solo se si dispone di un cliente soddisfatto. L'adattabilità della struttura aziendale è quello che continua a portarci i beni e i servizi di cui abbiamo bisogno, compresi gli ospedali puliti e i medicinali che ci servono per curare le nostre malattie.

"In altre parole", disse Manta, "l'impresa privata stà per tirarci fuori da questo insostenibile percorso che stà distruggendo terra e umanità, con un piccolo aiuto dall'alto. Se siete disposti, e vi conosco tutti abbastanza bene per sapere che siete certamente in grado, andremo a creare delle organizzazioni e società che diffonderanno le informazioni tecniche specifiche e i prodotti che produrranno l'inversione di tendenza verso l'auto-distruzione dovuta al consumo eccessivo. "

Manta potè intuire che i membri del gruppo cominciavano finalmente a capire dove voleva arrivare. Vide molti volti tesi ammorbidirsi, i loro che erano ancora in stato di shock non solo per la sua confessione, ma anche per il disastro della bomba atomica.

"Voglio sapere se siete disponibili e favorevoli a questo sforzo. Vorrei chiedere al nostro presidente di farci votare su questi prossimi tre incontri, per andare oltre la base delle mie rivelazioni ", disse Manta, mentre finalmente prendeva il suo posto al tavolo. "Con questo si conclude la mia presentazione e mi scuso se sono andato oltre di qualche minuto. Ripasso la parola al presidente. "

"Grazie, Miles,", disse Bill, raddrizzandosi sulla sedia. "Beh, normalmente a questo punto avremmo il nostro periodo di domanda e discussione, ma date le circostanze penso che tutti noi vogliamo finire, tornare alle nostre famiglie, e magari riflettere su quello che abbiamo sentito. So che potremmo continuare a lungo qui, ma suggerisco di chiudere quì al momento. So che questa è una domanda stupida, ma, ci sono altre domande per Miles? " chiese Bill, che scrutava le facce degli altri membri al tavolo.

"Sì, ho una domanda", disse Marcos, dall'estremità sinistra del tavolo. "Tu dici che stiamo andando a formare questa società per salvare il mondo. In che modo il pubblico reagirà a questo? Il pubblico è molto critico circa il potere che le grandi multinazionali stanno prendendo e gli scandalosi stipendi e bonus che alcuni dirigenti stanno sottraendo dalla cassa delle loro aziende. Non darebbero fuori da matti per il tipo di potere aziendale che stai descrivendo? "

"Beh, lascia che ti chieda questo," rispose Manta. "Pensi che Microsoft stia per lasciare? Oppure Kawasaki Heavy Industries, BASF, o WD-40? Se lo fanno, è solo perché una migliore, più pulita, più verde, più efficiente società è arrivata a competere con loro per la stessa quota di mercato. Oppure potrebbe essere perché sono stati acquistati da una società concorrente diversa. Queste aziende sono troppo diversificate, capitalizzate, e chiaramente dipendenti per lasciare. Pensateci ... Krupp, Siemens, e Mitsubishi costruirono le armi da guerra per le parti perdenti e le loro intere industrie furono demolite dopo la seconda guerra mondiale. Eppure ancora sopravvivono per essere tre dei maggiori datori di lavoro del mondo. Se una guerra mondiale non può uccidere una società di queste dimensioni e capacità, che cosa lo potrà fare?

"La rivoluzione industriale ha superato un importante punto di svolta. Con la globalizzazione, non vediamo produttori locali creare alcuni prodotti di cui abbiamo bisogno e usiamo ogni giorno. Le grandi aziende sanno come sviluppare e fornire questi prodotti e le materie prime ai mercati. Sempre più, le grandi aziende sanno che non possono causare un danno immediato alle persone, ai beni o all'ambiente. Non solo non vale il costo delle multe e della perdita di immagine, ma anche la nuova generazione di dirigenti nel mondo consapevolmente non lo permetterà. La crescita massiccia della popolazione e le risorse limitate hanno reso il mondo cosciente della sensibilità ambientale del pianeta. Come l'abbattimento del muro di Berlino simboleggiava la fine della guerra fredda, il riconoscimento universale degli sforzi di protezione ambientale ha posto fine ai modi del passato. Pertanto, Marcos, la maggior parte del pubblico accoglierà con favore i nostri sforzi dei miglioramenti che forniamo alla loro vita, e all'ambiente.

"Bill, come ho detto, mi sento che ci sono stati abbastanza domande per ora. Vorrei procedere ad una votazione per stabilire a che punto siamo, e se dobbiamo continuare o no a condurre altre riunioni ", disse Manta.

"Hai promesso di rispondere a una domanda da ciascuno di noi sul il futuro, però. Io non ho avuto la possibilità di porre la mia domanda ", interruppe Walter, sentendosi un po' escluso.

"Sì, e io risponderò alla tua domanda alla fine. Poiché abbiamo esaurito il tempo oggi, io riaprirò il momento delle domande e risposte al tempo debito. Ma ricorda, io dissi che avrei cercato di rispondere alle vostre domande al fine di dimostrare chi sono. Spero che le risposte e gli eventi di oggi vi hanno fornito una prova adeguata. Vi chiedo di rinviare le vostre domande a un altro momento ", disse Manta.

"OK, che cosa dovremmo votare di nuovo qui?" chiese Walter.

"Dobbiamo votare o meno se il nostro gruppo dovrebbe essere presente ai prossimi tre incontri di Manta per andare oltre la base delle sue rivelazioni," si offrì Claire.

"Io presento una mozione di rimandare il voto solo dopo la sua prossima presentazione," propose Carlos.

"Quando sari pronto a presentare la prossima fase della tua rivelazione, Miles?" Chiese Bill.

"Potrei farlo domani, se volete", disse Manta.

"Per quanto ne sappiamo, comunque, il mondo si stà mobilitando per la guerra nucleare," interruppe Takashi. "Mi sento in dovere di tornare a casa."

Questo commento proveniente da Takashi, una persona che aveva perso i familiari in una esplosione nucleare, alla fine della seconda guerra mondiale, scosse tutti i membri del gruppo. Come potrebbero reagire alla crisi quelli rimasti a casa?

Rajneesh intervenne: "Sì, noi non torneremo al lavoro e agli affari come al solito Lunedi. Il mercato azionario sarà crollato; il traffico aereo sarà probabilmente a terra. In metà dei paesi delle regioni colpite andrà in vigore probabilmente un certo grado di legge marziale. Penso ai fatti di rilievo che sono accaduti qui oggi, e credo che dobbiamo agire in fretta e con decisione per entrambi i nostri bisogni individuali e collettivi. Questo non è il momento di ritardare, procrastinare, o rinviare. Quello che suggerisco è che noi tutti lavoriamo domani mattina dalle nostre case o dai nostri uffici di Bay Area, inviamo i memo appropriati, teniamo calma la gente, e ci incontriamo di nuovo qui domani nel tardo pomeriggio per ascoltare la prossima divulgazione di Manta. "

"Ci vorrà più di mezza giornata per tenere calma la gente", disse Katerina logicamente. "Sai che abbiamo operazioni in tutto il mondo. Alcuni dei miei collaboratori possono conoscere persone che sono state uccise in questo attacco. Sono sicuramente interessata a sentire cos'altro Miles ha da dirci, ma oggi ci sono state anche un mucchio di informazioni da recepire. La maggior parte di noi probabilmente non sarà nemmeno in grado di dormire stanotte. Senti, stiamo andando verso il fine settimana. Presento una mozione che noi riprendiamo il tutto Lunedi ".

Ci fu una pausa, mentre tutti i membri consideravano le loro posizioni attuali e pensavano a tutto quello che avrebbero avuto bisogno di fare per le loro attività una volta tornati.

Manta stava osservando il loro comportamento, immaginando mentalmente come avrebbero potuto reagire alle prossime riunioni. Rinviare la votazione alla prossima riunione non faceva parte del suo piano, il Piano

A. Aveva molti piani di riserva per arrivare alla prossima fase della sua divulgazione, tra cui il Piano Z dove sarebbe dovuto cadere ai loro piedi e implorare loro di ascoltarlo.

Stava spuntando in tutti loro l'idea che i loro attuali obblighi alle società erano notevolmente flessibili. Sebbene avessero sempre pensato di essere indispensabili, tutto era organizzato per andarsene. Una relativamente semplice discussione con ciascuno dei loro protetti, un paio di note inviate alla direzione e al consiglio generale della società, e avrebbero potuto andarsene. Rendendosi conto che lui era la ragione per cui erano in questa posizione, uno per uno, tutti guardarono Manta con ghigni diabolici sui loro volti.

"Aspetta un minuto," disse Rajneesh con eccitatazione. "Abbiamo due mozioni sul tavolo."

"OK, allora, esaminiamo le prime mozioni ", disse Bill. Organizzando la mozione, pronunciò, "Io presento la mozione che tutti noi ci incontriamo di nuovo qui alle 8:00 lunedì mattina, ascoltiamo la prossima divulgazione di Miles, e al termine di quella riunione abbiamo un'ulteriore discussione e votiamo sull'opportunità o meno di continuare."

"Io approvo la mozione," intervenne Takashi.

"Abbiamo una mozione e un'approvazione, tutti a favore?" Chiese Bill al gruppo.

Le voci nella stanza risuonarono "Sì."

"Obiezioni?" Chiese Bill, guardandosi intorno e non scorgendo segni di disapprovazione. "OK, i Sì hanno vinto. Ci vediamo tutti Lunedì alle otto. "

I membri riunirono le loro cose, nonché i loro pensieri e lentamente cominciarono ad uscire. Manta avvicinò a Bill mentregli altri stavano lasciando la sala e chiacchieravano tra di loro, e gli chiese la registrazione. Estrasse la scheda di memoria dal dispositivo di registrazione nell'angolo anteriore della stanza e lo diede a Manta.

Bill fu l'ultimo ad andarsene e strinse la mano a Miles prima di farlo. Pure Manta si prese un breve momento nel silenzio della stanza vuota per raccogliere le idee . Conosceva molte cose del futuro che dovevano accadere, ma i morti per disastri e crisi che entravano in gioco erano sempre state le cose più difficili per lui da affrontare emotivamente. Avrebbe voluto che ci fosse un modo per poter impedire che accadessero queste cose cattive o poter annullare disastri, ma capiva il senso del mondo e anche i limiti del suo dono. Lanciò un ultimo sguardo fuori dalla finestra sulla baia e poi chiuse le imposte. Questo era stato il giorno che lui aveva anticipato per anni ed era finalmente arrivato, aveva finalmente rivelato il suo dono ai suoi protetti.

Prese un respiro profondo, spense le luci, lasciò la stanza, e chiuse la porta. Uscì attraverso la reception del centro conferenze ed fu finalmente in grado di pensare al ritorno a casa per stare con la sua famiglia.

CAPITOLO 4

UN ACCOGLIENTE RIFUGIO — CASA

Se non siete interessati alla vita privata di Miles Manta, saltate questo capitolo.

Non era un lungo viaggio in auto dal centro conferenze fino casa di Miles. Il traffico era ringhioso come al solito, ma il Golden Gate Bridge sembrava eccezionalmente bello quella sera, e faceva un effetto calmante. La famiglia Manta viveva nella città di Tiburon, Marin County, vicino all'estremità nord del Golden Gate Bridge.

Miles era ansioso di tornare a casa per vedere la sua famiglia. Loro senza dubbio avrebbero guardato la notizia in TV del disastro dell'esplosione nucleare. Voleva essere lì per confortarli e dare una rassicurazione che tutto sarebbe stato a posto.

Aveva piena fiducia che sua moglie, Lilia, avrebbe calmato e confortato i loro quattro figli con le parole delle Scritture, mostrando ai bambini come la terra doveva essere abitata per sempre, e non sarebbe mai stata distrutta da un olocausto nucleare (Salmo 37: 29; Ecclesiaste 1: 4; Matteo 5: 5; Apocalisse 11:18).

Sulla strada di casa, Miles stava pensando al suo ruolo di padre. Ognuno ha delle sue abilità e sentì che essere un buon padre non era tra queste. Si sentiva dispiaciuto di avere perso tanti eventi familiari e riunioni di scuola a causa dei viaggi di lavoro e delle serate in ufficio fino a tarda notte. Si chiedeva se stava facendo abbastanza per dare loro l'istruzione personale e l'educazione di cui avevano bisogno per essere felici e protetti dalle molte minacce che avrebbero dovuto affrontare nel mondo aspro e tumultuoso.

Lavoro duro, gioco duro era stato il motto per il Manta House. Sembrava efficace perloppiù, ma non era troppo? Era opportuno per tutti i membri della famiglia?

Forse la sua mancanza di fiducia nella paternità era perché non aveva mai avuto un padre, almeno non prima della sua esperienza religiosa.

La conversione spirituale di Miles era iniziata quando aveva incontrato l'uomo di lingua greca alla sua porta. Il nome dell'uomo era Argo e lui era l'unico figlio ed erede di un ricco armatore greco. Questo lusso gli aveva permesso di viaggiare in tutto il mondo. Divenne molto saggio dalle sue esperienze. Era anche un uomo disciplinato, che si era guadagnato un dottorato di ricerca in economia e storia del mondo.

Argos era stato in una posizione di rilievo, quando una serie di disastri colpirono la sua vita. Perse un bambino di cancro, poi due mesi più tardi perse la moglie e l'altro bambino in un incidente d'auto causato da un automobilista ubriaco. Si rifiutava di credere che erano stati "presi", e cercava risposte alle sue domande sulla condizione dei morti, circostanze impreviste, e la speranza della risurrezione descritto nella Bibbia (Salmi 146: 3,4; Ecclesiaste 9: 5; 9: 11; Giovanni 11:25; Isaia 26:19). Questa ricerca lo portò a una nuova comprensione delle promesse contenute nella Bibbia, ed è così che finì nel lavoro pastorale, e il suo successivo bussare alla porta di casa di Miles.

Miles avviò un intenso studio della Bibbia con Argo, e imparò profondamente la storia contenuta nelle Scritture Ebraiche e greche. Dopo due anni di studio, divenne un cristiano battezzato e andò in predicazione. Fu allora che accettò il Dio della Bibbia, Geova (חזהי, YHWH), il Dio di Noè, Abramo, Ismaele, Isacco, e Gesù, come suo padre (Esodo 6: 2-3; Salmo 83:18; Isaia 12: 1-2; 26: 4; Giovanni 17: 6,26). Era anche convinto, sia dalla sua apparente conoscenza preesistente sia dagli studi religiosi, che questo era lo stesso dio di Mohamed, che era un diretto discendente di Ismaele, figlio primogenito di Abramo.

Miles incontrò Lilia mentre era attivo nel lavoro missionario. Anche se lei faceva parte di una famiglia importante di Città del Messico, essa viveva a San Diego, California, facendo il lavoro missionario anche lei. La sua famiglia l'aveva messa al bando per le sue convinzioni religiose. Al momento in cui lei e Miles si incontrarono lei si manteneva lavorando per una società di pulizie domestiche.

Miles e Lilia descriverebbero il loro come un amore a prima vista. C'era stato corteggiamento vecchio stile, e il loro matrimonio fu una modesta celebrazione. Nel giro di un anno ebbero il loro primo figlio.

Argo e Miles continuarono a diventare più intimi nel corso degli anni. Attraverso la lingua greca, Miles e Argos cercarono di mettere tutto insieme, chi fosse Miles, perché sapeva quello che sapeva, e una moltitudine di altre domande imbarazzanti. Argos raccomandava che il lato soprannaturale della sua esperienza fosse minimizzato, almeno fino a quando avessero capito cosa stava succedendo. Miles fece numerosi viaggi in Grecia, con o senza la sua famiglia. Nel tentativo di scongiurare indiscrete curiosità sulla provenienza della sua lingua, disse ad altri che aveva imparato correntemente greco attraverso corsi di studio a casa, esperienze di viaggio, e l'eccellente capacità di insegnamento di Argos

Argos non voleva rafforzare nessuna idea che Miles fosse qualcosa di soprannaturale o un profeta, e scoraggiò fortemente Miles dall'avere tali presunzioni. Alla fine, Argos potè solo dedurre che se ci fosse stata un "ispirazione", era stata da Satana il Diavolo. Ciò portò a disaccordi, ma convennero di non essere d'accordo, in quanto nessuno dei due aveva una comprensione completa della situazione. Entrambi cercavano di capire cosa doveva fare con il suo dono.

Argos era un uomo molto saggio ed esperto. La sua posizione era saldamente basata sull'esempio di Gesù, che i veri cristiani non devono essere coinvolti con "il mondo" (2 Corinzi 4: 4; 1 Giovanni 5:19; Apocalisse 12: 9; Giovanni 15:19, 18:36; Giacomo 4 : 4).

Miles sosteneva che Abramo aveva negoziato con successo con Dio di risparmiare Sodoma e Gomorra, se fosse riuscito a trovare una sola persona giusta. Un altro esempio era Giona, dove con successo, anche se a malincuore, aveva convinto la popolazione di Ninive a pentirsi, e li salvò dalla distruzione.

Miles riteneva che "l'impresa privata" non facesse parte dei sistemi politici blasfemi che la Bibbia mostrava che dovevano essere distrutti nelle profezie dell'immagine di Daniele, e la bestia selvaggia di Rivelazione (Daniele capitoli 2 e 3; Apocalisse 13: 1-18, 19: 19-21). Riteneva   anche che l'impresa privata non facesse parte di Babilonia la Grande, percui i "mercanti" piansero solo alla sua distruzione (Apocalisse 17: 1-6, 18: 11-16).

Egli sosteneva che gli apostoli avevano lavori giornalieri, e alcuni erano addirittura ricchi, almeno quando iniziarono il loro ministero. Quattro erano decisamente pescatori, e Matteo era probabilmente un ricco esattore di tasse (Matteo 4: 18-21; 9: 9-13). Luca era probabilmente un medico istruito (Luca 04:38; Atti 28: 8). Gesù stesso era di mestiere un falegname. Anche se non era parte dei dodici apostoli originali, Paolo era un fabbricante di tende (Atti 18: 3).

Argos voleva peccare per eccesso di cautela al fine di proteggere la congregazione, e credeva che la situazione di Miles potesse indurre la gente ad inciampare nella loro fede, se l'avessero scoperto. Argo e Miles ne discussero e concordarono di separarsi. Miles lasciò la congregazione. Ciò coincise con il trasferimento della famiglia Manta in una nuova area dall'altra parte della baia.

Miles aveva anticipato che Argos sarebbe sparito dalla sua vita. Forse si erano separati a causa di una profezia auto-avverante, Miles se lo aspettava, e così doveva essere. Come molti dei suoi altri rapporti, Miles era diventato nuovamente una minaccia. Entrambi gli uomini sapevano che nessun comitato avrebbe potuto risolvere il crescente conflitto tra di loro.

Ancora una volta emarginato, Miles pensava alla vita di Mahatma Gandhi e le sue osservazioni sul Sermone di Gesù sul Monte. Gandhi credeva che il mondo intero sarebbe stato in pace se la gente avesse semplicemente seguito le indicazioni fornite in questi semplici versi di Matteo Capitoli 5 a 7. In particolare, Miles era confortato dalle parole di Gesù in Matteo 6: 5-8, che gli aveva dato la pace della mente che non aveva mai avuto per dispiacersi di non integrarsi con la società.

Anche se Miles aveva confidato in Argos in molti modi, si era tenuto le sue riserve. Miles non condivideso la sua vita di affari con lui.

Egli non aveva rivelato tutto neanche a Lilia, almeno non tutto ciò che riguardava la sua attività. Aveva condiviso con lei le apparenti esperienze soprannaturali, tra cui il disastro nucleare imminente. Lei convenne di non divulgare nessuna informazione, e non ebbe problemi ad andare avanti come se non avesse alcuna conoscenza speciale o come se la famiglia Manta non fosse diversa da qualsiasi altra famiglia.

Lilia riconosceva che Miles era diverso, soprattutto quando il conto in banca cominciò a crescere in modo esponenziale. Il denaro non significava niente per lei; il suo lavoro era solo di amministrarlo. Essa mantenne un basso profilo di casalinga e fece in modo che vivevessero bene nell'ambito dei loro mezzi. Amava Miles più di ogni altra cosa e lei avrebbe mantenuto i suoi segreti fino alla fine.

Per quanto riguardava Lilia, Miles era sicuro di una cosa: quanto bene si sentiva tra le sue braccia. E lui era ansioso di vederla nel vialetto mentre correva fino a casa.

Lilia lo accolse nella sala tra l'ingresso e la cucina. Caddero nelle braccia uno dell'altro, tenendosi stretti per un periodo di tempo finchè non respirarono profondamente. Il lungo abbraccio fu come una sensazione di fusione per Miles, un rifugio sicuro dove niente altro importava. Il mondo avrebbe potuto vaporizzarsi intorno a loro e nessuno dei due se ne sarebbe accorto.

"Come è andato il tuo grande giorno?" chiese Lilia.

"Ottimamente, ci ritroviamo di nuovo Lunedi," rispose. "Come stanno i ragazzi?" sussurrò Miles.

"Sono nella stanza di famiglia," rispose lei. " Papà è a casa!" gridò mentre i due si incamminarono verso il punto dove i bambini erano seduti sul pavimento.

Il figlio più giovane e la figlia corsero per saltare tra le braccia del padre. I due ragazzi più grandi si limitarono ad annuire e borbottarono, "Hey, come va?", senza muoversi dal pavimento. Miles si chinò e diede a ciascuno una pacca sulla spalla scuotendo il pugno in saluto.

Il figlio maggiore, John, un quindicenne, chiese: "Papà, sai cosa sta succedendo ?!"

"Sì, stavamo guardando il telegiornale durante la nostra riunione di gruppo Trek dopo che l'esplosione era avvenuta," rispose Miles. "Cosa ne pensi di tutta la faccenda?"

I tre figli e il padre sedettero sul divano e si impegnarono in una conversazione sugli eventi in corso. Mentre i ragazzi discutevano le notizie, la più giovane, Rosaria, una bambina di otto anni, aiutava la madre in cucina, dove amava passare il tempo con sua madre quando i ragazzi non erano in giro.

Il figlio maggiore John spiegò di come avevano appena studiato la storia dell'Afghanistan a scuola e poteva vedere come i russi avrebbero potuto essere coinvolti, perché volevano ottenere il controllo della zona. Il ragazzo più giovane, Mitchell, un bambino di dieci anni, non sapeva come comprendere il significato del disastro. Miles poteva sentire che provava paura, ma non voleva ammetterlo.

Il secondogenito, Richard, che era un ragazzo molto intelligente, era molto più riservato nell'esprimere le sue opinioni, in particolare riguardo al suo fratello maggiore che lo dominava. Ma Miles capiva che stava assorbendo tutte le informazioni come una spugna.

"La cena è pronta!" Gridò Rosaria, e tutti si spostarono nella sala da pranzo.

"Ah, profuma alla grande. Chili verde, il mio preferito ", disse Miles, sorridente e piegandosi sul piatto mentre annusava profondamente.Condusse la sua famiglia in preghiera prima di iniziare a mangiare.

Durante la cena la famiglia si impegnò in una ulteriore conversazione sugli eventi del mondo, e il modo in cui avrebbero inciso sulla famiglia Manta.

"Vi assicuro", disse Miles. "L'evento che è accaduto oggi non sarà mai dimenticato. Andrà negli annali della storia. "

Il chili verde di Lilia era eccellente, come sempre, e Miles raschiò il piatto pulendolo. Tutti portaronoi loro piatti in cucina quando ebbero finito.

Dopo cena, i bambini andarono ciascuno nelle loro camere da letto e iniziarono a prepararsi per andare a letto.Cenare la sera tardi, non era insolito perché era spesso l'unico modo in cui potevano mangiare tutti insieme come una famiglia.

Prima che i bambini andassero a letto, Lilia lesse a Rosaria una storia. Miles lesse a tutti i ragazzi una poesia sul divano in soggiorno. Era qualcosa che aveva scritto, mentre era via in viaggio d'affari, quando non riusciva a dormire e pensava alla sua famiglia.

> Buoni padri e solitari esploratori
> Ci sono un sacco di buoni padri
> Giocano a baseball
> Si associano ai boy scouts
> Fanno parte di circoli sociali
> A volte di bell'aspetto
> Gli esploratori non sono così fortunati
> La loro missione è solitaria
> Non favorevoli a gruppi
> Paura di fallire
> Non così attraenti
> Ma i ragazzi devono sapere
> Si possono fare da sé
> E questa è la cosa migliore
> Un padre può fare per i suoi figli
> Sono soddisfatto
> Ho permesso
> A voi di essere così

Egli disse poi ai ragazzi che domani era il loro giorno. Potevano fare quello che volevano fare, fintanto che non coinvolgessero i videogiochi. Fecero finta di essere eccitati e diedero la buonanotte con un abbraccio al papà.

Miles si appoggiò indietro al divano si sentiva esausto. Era stato in questo stato molte volte prima, ma questa volta era diverso. Questa volta la sua fatica era accompagnata da un senso di libertà, come se fosse stato appena liberato dalla prigionia. Aveva finalmente condiviso con i suoi soci Trek la sua conoscenza. Non si sentiva più gravato da dover tenerla dentro. Con un respiro profondo, si alzò e attraversò il corridoio fino alla loro camera da letto. Lilia aveva preparato il letto. Le baciò la fronte e pochi secondi dopo la sua testa si appoggiò sul cuscino, cadde in un sonno profondo.

Quando Miles si svegliò, si sentiva come se avesse appena chiuso gli occhi per un secondo. Era chiaramente giorno. Si sentì subito completamente sveglio.Era una sensazione talmente strana, come se fosse stato purificato in qualche modo. Aveva un senso completo di ringiovanimento. Tutto quello che vedeva aveva un diverso aspetto, anche l'aria stessa sembrava stranamente nuova. Guardò l'orologio; erano le tre passate del pomeriggio. Aveva dormito per circa sedici ore!

Era così rilassato che si sentiva intorpidito. Ma il solo giacere a letto non gli si addiceva. Si mise a sedere, prese una penna e un blocco note dal suo comodino, e scrisse ciò che gli venne in mente:

La Promessa
Fino a che punto ti sei allontanato
Ora hai bisogno di essere salvato
Salvato da te
Salvato dalla tua distruzione autoinflitta
Dovresti vergognarti, ma non lo sei
Sembra che tu passi solo la colpa
Sì, io mi pento di averti
Salvato da tre,
Ora la tua scienza dimostra che siete fratelli
Ma in un secondo tu abbandoni i fatti
Quando non avvalorano il tuo caso
Proprio come tu abbandoni me
Per qualsiasi cosa ti conviene
Ricordati- tu eri nudo quando ti ho fatto
E tu non provavi vergogna
Ed era bene, fino a quando ti sei vergognato
Adesso, sei lontano
Disorientati da semplici bugie
Le bugie non sono mai semplici
Ti infliggeranno sempre dolore e sofferenza
Voi eravate i primi animali
Ma io vi ho dato di più che istinti
Nella nostra immagine, vi ho fatto
Non si può conoscere tutto
Lo Spirito è immateriale

La vostra comprensione è limitata
Pensate che gli altri porteranno la maledizione
Portate la maledizione su voi stessi
Qual è la differenza, - una maledizione è una maledizione
Se tu ti maledici
Tu puoi anche benedirti
Guarda, tuo fratello ha bisogno di aiuto
Non ha egli sofferto abbastanza?
Non avete voi tutti sofferto abbastanza?
Siete venuti per avere un grande potere
Voi non siete più intelligenti di quelli che vi hanno preceduto
Voi traete benficio delle loro anticipazioni
Non pensate di avere una migliore giustizia
Studiate la legge - si vedrà
Ora pensate che il vostro potere sia grande
Ma solo il migliore di voi conosce i limiti
E pochi capiscono il costo reale
Quei pochi sono schiacciati dal chiassoso e odioso
Non sanno nulla, tranne il modo di sfruttare la formula
Ottenere la fiducia, ottenere il controllo, tutte le ricchezze
I vostri sforzi sono vani
Il vostro tempo è limitato
Ci sarà un nuovo inizio
E il mio impegno è eminente

Miles lasciò soltanto che le parole fluissero dalla punta della sua penna. Sembravano provenire dal suo subconscio e avevano solo un vago significato per lui.

Si sentiva così leggero e libero dopo aver scritto la sua poesia. Si sentiva più riposato di quanto potesse mai ricordare. Era una buona sensazione. Stava cominciando a realizzare che più esponeva il suo dono, minore era il suo fardello.

Posò la penna e taccuino e si alzò per iniziare finalmente la giornata e cercare la sua famiglia. Era entusiasta di trascorrere del tempo di qualità con la sua famiglia ed era ansioso di scoprire quello che volevano fare. Finirono per trascorrere la giornata in giro per casa giocando e guardando video.

Domenica mattina la famiglia partecipò ad un discorso pubblico presso la congregazione locale. Sia nella preghiera di apertura e prima che l'ospite oratore fosse introdotto, il Presidente Sorvegliante evidenziò il disastro di Chebala.

Il Presidente Sorvegliante era un anziano signore che aveva visto molti eventi calamitosi nel corso dei decenni, e raccomandò alla congregazione di non usare l'incidente per fare eventuali illazioni che Armageddon era imminente. Spiegò che anche se insegnano che ci saranno negli ultimi giorni del genere umano dei tentativi di autogoverno (Genesi 3: 20-24), e dovrebbero sempre rimanere vigili, come se la fine fosse domani (Luca 21: 34-36) , solo Dio conosce il giorno e l'ora esatta in cui sarebbe venuta la fine (Matteo 24: 36-38). Anche se ci saranno segni (2 Timoteo 3: 1-5; Matteo 24: 3-14), non ci saranno fanfare o avvisi quando si verificherà la fine, e verrà come un ladro di notte (1 Tessalonicesi 5: 2).

Il discorso pubblico era intitolato "Sono la Scienza e la Religione compatibili?" L'oratore ha descritto che, anche se la Bibbia non è un libro di scienza, la sua collezione di libri risalenti a circa 3700 anni sono notevolmente esenti dalle credenze stravaganti che erano in voga tra gli insegnamenti dell'epoca, tra cui racconti mitologici di una vita dopo la morte, l'adorazione di immagini di animali, e l'errata convinzione che la terra fosse il centro del sistema solare.

L'oratore descriveva come il racconto della creazione biblica fosse travisato da coloro che sostengono che l'universo fu fatto in sei giorni letterali di ventiquattro ore. L'oratore si riferì alla prima frase della Bibbia, Genesi 1: 1, che mostra come i "cieli e la terra" esistevano prima che i "giorni" della creazione iniziassero, quindi, dal punto di vista del racconto biblico della creazione, l'universo avebbe potuto esistere da miliardi e miliardi di anni prima che i "giorni della creazione" cominciassero. Descrisse come la Bibbia avesse delle variazioni nell'uso della parola "giorno", per esempio, le sue istruzioni per Adamo riguardanti l'albero della conoscenza del bene e del male, Dio dice ", Nel giorno che ne mangerete positivamente morirete "(Genesi 2:17), poi Adamo visse fino a 930 anni di età (Genesi 5: 5), ovviamente non era un giorno letterale di ventiquattro ore. Inoltre, l'esempio che un giorno di creazione non è un giorno letterale è perché Dio è ancora nel suo "giorno" di riposo, circa sei mila anni dopo il sesto giorno creativo (Genesi 2: 2, Salmo 95:11, Ebrei 4: 1-11).

L'oratore fornì la prova di un improvviso e catastrofico diluvio universale, includendo fossili marini largamente dispersi osservati in strati sedimentari in tutto il mondo, scoperte in Siberia di mammuth congelati, i cambi di pendenza di quattrocento piedi delle Blue Holes delle Bahamas. I dati scientifici indicano che questi eventi si verificarono solo migliaia di anni fa, non i milioni e milioni di anni, spesso incautamente dichiarati dalla comunità scientifica.

L'oratore fornì esempi di come la scienza dell'antropologia mostra che siamo discesi da tre tipi razziali, caucasici, africani, e mongoli, corrispondenti alle tre famiglie dei figli di Noè, e che la popolazione umana della Terra venne fuori dall'area comunemente indicatao come Mesopotamia. Esempi sono stati forniti, che mostrano come una credenza in qualsiasi connessione tra l'uomo moderno e frammenti di ossa di scimmie richiederebbe una quantità enorme di fede cieca, e che le storie dei pre-umani di Neanderthal, potrebbero essere facilmente comuni umani antichi che trovarono residenza in grotte, simili a civiltà che esistevano nelle Americhe solo alcune centinaia di anni fa.

L'oratore fornì esempi di come ci può essere la frode nel campo della scienza, tra cui Uomo di Piltdown, e l'esagerazione di ciò che sappiamo del passato. Diede un esempio di come la scienza moderna non può determinare chi viveva a Qumran solo duemila anni fa, la città che esisteva vicino a dove i Rotoli del Mar Morto furono scoperti nel 1946, ma alcuni scienziati cercheranno di dirvi esattamente cosa stava accadendo in una lontana palude 4 milioni di anni fà.

L'oratore descrisse come la datazione al radiocarbonio è soggetto alle condizioni ambientali, come ad esempio l'"effetto marino" e l'"effetto acqua dura", e gli effetti sinergici delle infinite combinazioni e permutazioni di fattori ambientali. La datazione al radiocarbonio ha dei limiti, per esempio, una ricerca della letteratura vi mostrerà che la datazione al radiocarbonio è generalmente limitata a campioni di date risalenti a non più di 50.000 anni, perché i campioni più vecchi di questa età hanno insufficiente Carbonio-14. Quindi, la datazione al radiocarbonio non può essere utilizzato per smentire la creazione, perché Genesi 1: 1 non indica nessun limite all'età di "cieli e la terra" (miliardi e miliardi di anni và bene), e le "giornate creative" potrebbe essere di decine di migliaia di anni di durata.

L'oratore raccontò una storia di come lui era in fila per vedere una mostra di scienza in un eminente museo e due persone, in linea con lui stavano discutendo una recente scoperta che la forma di progettazione di una pinna di balena era più efficiente di una pala di una turbina eolica. Una delle persone disse, "Questo è ciò che milioni e milioni di anni di evoluzione possono fare." Il relatore fece notare al pubblico che questa spiegazione non aveva alcuna base scientifica, e non è diverso dalla spiegazione "Dio può fare tutto" spesso usata da fanatici religiosi.

Presentò un esempio in cui chiese loro di immaginare di fare a pezzi una semplice sedia di legno e disperdere le sue parti in un grande lago. Qual è la probabilità che questa sedia si sarebbe rimontata con un nuovo rivestimento finito? Le leggi della probabilità potrebbero calcolare un numero, ma che cosa significa? Sarebbe un numero così elevato che la realtà che questo possa accadere sarebbe zero. Ora, immaginate la catena di eventi che si tradurrebbe nella progettazione e sviluppo di un occhio umano, un sistema fotografico a colori, stereografico, con messa a fuoco automatica, che può guarire da solo, con corrispondenti coperture riflessive, collegato ad una memoria permanente della capacità ancora sconosciuta , che si forma da un embrione di due cellule, può verificarsi con lo sguardo di Greta Garbo, e cresce a sviluppo completo entro i primi tre mesi dalla nascita rimanendo esattamente delle stesse dimensioni per tutta la vita. Dati demografici attuali mostrano che questo processo si è ripetuto più di sette miliardi di volte, e nel corso della storia si è ripetuta decine di miliardi di volte in tutta la storia umana conosciuta, senza alcuna deviazione conosciuta fin dalla coppia originale. Ora applicate questo ad ogni animale vivente che ha occhi. È statisticamente possibile per i sistemi complessi associati con la visione che si verificasse per caso? Se credete che questo sia possibile, l'analisi statistica mostrerebbe che la vostra credenza è basata più sulla fede che sulla scienza.

Le leggi statistiche mostrano la probabilità di eventi successivi diminuisce esponenzialmente, per esempio, quando si utilizza un dado a sei facce, la possibilità di ottenere due "uno" di fila è $1 / 6^2$ o $1/36$, e la possibilità di ottenere tre uno di fila è di $1 / 6^3$, o $1/216$. Pertanto, la probabilità di ottenimento di "uno" successivi con un dado a sei facce è data dall'equazione $1 / 6x$. Egli chiese retoricamente al pubblico quale sarebbe il valore di x per il nostro semplice esempio della sedia, quindi suggerì un valore modesto di x = 50 eventi successivi, con un numero di probabilità risultante, di 8 seguito da trentotto zeri. Ci vorrebbe un sacco di fede per credere la sedia si potrebbe ricostruire per caso, e questo senza nemmeno prendere in considerazione che abbiamo iniziato l'esperimento con una sedia completamente progettata e realizzata.

L'oratore proseguì con il tema dell'occhio umano, spiegando che il primo giorno della creazione, quando Dio disse: "Sia la luce" non si riferiva alla luce, l'onda elettromagneticha, ma all'avvento della visione, la capacità di vedere la luce. Questo è simile al dilemma preteso dalla domanda - se un albero cade nella foresta produce un suono? No, se il suono è definito dalla capacità di ascoltare. Prima del primo giorno della creazione c'era solo una realtà spirituale e non fisica di esseri viventi. Ciò che rende il mondo fisico, prima e prima di tutto, è la visione, la capacità di vedere. Il cervello umano, che controlla la nostra esistenza, nasce dal grande meccanismo della visione. Senza dubbio, l'avvento della visione fece sì che gli angeli gridassero di gioia applaudendo (Giobbe 38: 7).

Continuando con una logica basata più scientificamente, l'oratore descrisse come secondo le leggi della termodinamica, tutti i sistemi avanzano dall'ordine al disordine, dunque, "milioni e milioni" di anni si tradurrebbero in minore probabilità che sistemi complessi si possano formare per caso.

Continuò la sua storia della visita al museo e si riferì ad una display che pretendeva di mostrare un esempio di evoluzione. Il display raccontava una storia su come una siccità aveva distrutto una particolare fonte di cibo per un gruppo di fringuelli, e che solo i fringuelli, con una certa geometria di becco sopravvissero. L'oratore spiegò che questa osservazione non è evoluzione, ma un esempio di adattamento di una specie esistente. L'oratore spiegò che questo "esempio di evoluzione" non è diverso, e piuttosto impallidisce in confronto, al processo di utilizzare caratteri dominanti e recessivi impiegati dalla lunga catena di allevatori di cani che derivano tutte le nostre razze conosciute di cani domestici da quella allora esistente. Il punto principale che l'oratore sottolineò è che la varietà di caratteristiche deriva dalla genetica contenuta nella coppia originaria di uccelli, e non vi sono nuove specie di uccelli, - questi sono ancora fringuelli.

L'oratore rilevò che la convinzione che progetti complessi provengano da eventi casuali non ha base scientifica o matematica conosciuta. Il paradosso inevitabile che si applica a qualsiasi modello di "ordine dal disordine" è che il modello stesso ha un elemento di progettazione, come mostrato nel nostro modello della sedia nel lago. L'unico modo per aggiungere una parvenza di scienza al problema è quello di aggiungere un fattore di correzione, come i "miliardi e miliardi di anni", come un tentativo di convalidare nozioni stravaganti sull'origine della vita. Poi, in una brillante maniera umana, elitarie organizzazioni "non profit" si sono organizzate per raccogliere miliardi e miliardi di dollari per condurre una ricerca per l'evidenza di una ricerca di prove, essenzialmente la prova che Dio non esiste. L'oratore sottolineò che questo tipo di ricerca si conclude sempre con la raccomandazione che si richiedano ulteriori ricerche, conservando un flusso di finanziamenti.

L'oratore concluse la sua storia facendo notare che durante la sua visita al museo aveva osservato i travisamenti tipici della sopravvivenza del più forte, la selezione naturale, e l'estinzione, tutti distorti in "prove" dogmatiche di evoluzione di qualcosa dal nulla. Tutti questi processi non sono prove, ma sono eventi naturali, e dipendono da un campione originale dei caratteri genetici da una coppia originale. La scienza ci dice che questi tratti sono parte del DNA originale. L'oratore ammise che uno scienziato formalmente qualificato nonostante gli sforzi non aveva mai osservato una documentazione fossile che mostrasse che una specie si evolvesse in un altra.

Commenti furono fatti sulla causa della divisione percepita tra la fede in Dio e nei livelli più alti della scienza, e che la fede in Dio può accentuare la tua passione e comprensione delle scienze naturali e fisiche. Esempi furono forniti di due dei più grandi scienziati fisici di tutti i tempi, Isaac Newton e Michael Faraday, che erano convinti credenti in Dio e che la Bibbia è la parola ispirata di Dio. Ovviamente, la fede in Dio non li trattenne, e furono ispirati ad avanzare ulteriormente nel loro apprezzamento per le leggi della scienza.

Spiegò che gran parte della scienza moderna è contaminata con la brama per lo status di star del cinema, dai soldi, dal potere e controllo delle persone, nella stessa identica maniera di molte religioni organizzate. L'oratore descrisse un tratto comune tra religione organizzata e istituzioni scientifiche di tutto il mondo di psicologia "pensiero di gruppo", dove tutti nel gruppo credono che sia vero perché vogliono controllare o accettare, e non mettono in discussione il merito di fondo della credenza per paura di sembrare stupidi o diversi.

L'oratore concluse con i commenti circa l'affidabilità della Bibbia (2 Timoteo 3:16), il significato legale del sacrificio fatto da Gesù Cristo (Deuteronomio 19:21; 1 Giovanni 4: 9-10), e la meravigliosa scienza che la gente avrà una eternità per imparare quando il Regno di Dio regnerà sulla terra (Genesi 2: 19-20; Apocalisse 21: 1-4).

L'oratore ricevette un caloroso applauso. Era evidente che la maggior parte del pubblico aveva apprezzato le informazioni e si sentiva ispirato a rimanere spiritualmente forte di fronte a tempi incerti (Proverbi 18:10). Il gruppo concluse con un cantico e una preghiera.

Dopo la riunione, la famiglia Manta si godè un barbecue con gli amici, e quindi ripresero la strada di casa.

Più tardi in serata, dopo che i bambini erano stati sistemati per la notte, Miles e Lilia si prepararono per andare a letto.

Nel corso degli anni Lilia aveva fatto album fotografici in forma di strisce che mostravano molte delle esperienze che la famiglia aveva condiviso insieme. Questi album avrerebbero dovuto includere una sequenza di immagini con i titoli dei luoghi e cose che avevano sperimentato.

In una occasione lei stava usando vecchia Bibbia di Miles in una adunanza di Congregazione e nascosta tra le pagine aveva trovato un foglio di carta con una poesia.

Miles aveva scritto la poesia poco dopo aver incontrato Argos. In realtà, la Bibbia era un dono di Argos. Era rivestita con una copertina di pelle indossato con il suo nome impresso appena visibile sulla copertina.

Lei non aveva mai detto a Miles che lo aveva trovato, e voleva tenerlo da parte per un momento speciale.

Prima di andare a letto, Lilia raccontò a Miles la storia di come lo aveva trovato, e tirando fuori il vecchio foglio di carta da una busta nascosta in un album di foto, glielo porse. Recitava come segue:

In Cerca di Eva
Posso immaginare
Vedendola
Sentendola
Udendo la sua voce
Accanto a me
A portata di mano
In qualsiasi momento
Accarezzando le sue curve
Le sue dita
Massaggiare la mia testa
Lavandomi
Senza chiedere niente
Sensi acuti
Lei ne beneficia
La fiducia più rara
Completamente condivisa
Voglia di lei
Ogni volta che vado
Non invecchia mai
Infinito spazio per crescere
Potrei essere
L'uomo più felice
Che abbia mai vissuto?

Dopo avergliela letta gli chiese, "Spero di aver soddisfatto la tua ricerca?"

Lui le rispose che lo aveva fatto in ogni maniera. Lui tirò su le coperte a coprirsi e mentre le coperte si stavano sgonfiando e adagiandosi sui loro corpi nudi, le disse, "Io non ti merito".

CAPITOLO 5

INIZIATIVA PRIVATA PER SALVARE IL MONDO

Tutto si stava svolgendo proprio come Manta aveva descritto. Proprio come il 9/11, le compagnie aeree del mondo restarono temporaneamente a terra e sembrava che il modo normale di percezione della vita, era cambiato per sempre. I mercati azionari di tutto il mondo erano crollati. Le persone aleggiavano intorno loro notiziari ascoltando i cosiddetti esperti decifrare i punti di vista estremi, le opinioni, e le accuse.

Con sorpresa di molti telespettatori, ci furono grandi esempi di unità da parte delle principali nazioni. Mostrando una forte leadership e cooperazione, rapidamente organizzarono un incontro delle Nazioni Unite, e leader mondiali parlarono tra di loro e dimostrarono al mondo uno sforzo collettivo per dissuadere qualsiasi acuirsi delle tensioni o conflitti. Pacchetti di aiuti furono preparati per la gente in Afghanistan e distribuiti rapidamente alle migliaia colpite.

Tuttavia, il titolo o il sottotitolo di ogni telegiornale praticamente era, "Chi è stato?" Chi sarebbe stato in grado di fornire e di attivare un ordigno nucleare nel mezzo dell'Afghanistan? Che cosa spingerebbe qualcuno o qualche gruppo a farlo? Anche se numerose opinioni circolavano, niente era conclusivo. Il meglio che i giornalisti potessero fare era di "portare i soliti sospetti" nelle redazioni dei media per ulteriori discussioni e dibattiti.

Nessuno poteva immaginare come i talebani e Al-Qaeda, gli iraniani o altri gruppi islamici fondamentalisti, gruppi radicali israeliani, i russi, i pakistani, nordcoreani, e tutti gli altri erano stati portati nella mischia.

Eppure, come Manta previsto, nessuna persona o gruppo aveva rivendicato la responsabilità. Le Nazioni Unite convocarono una commissione per indagare ulteriormente la questione. Molti di coloro che avevano assistito all'indomani dell'assassinio di JFK lo paragonarono all'attuale dibattito in corso e teorie del complotto.

E' stato detto, le calamità cambiano le menti degli uomini. Se c'era qualche lato positivo di questa tragedia, fu uno sforzo unitario di vietare al mondo le armi nucleari. Sempre più giornalismo indipendente e Internet blog discutevano di come un piccolo operatore avrebbe potuto costruire questo dispositivo. A prescindere da chi l'avesse fatto, nessuno sapeva quali fossero le sue intenzioni.

PRIMA RIUNIONE DI TREK

Un sentimento di apprensione inquietante prevaleva su ciascuno dei membri del gruppo T9 mentre si recavano alla riunione del Lunedi mattina.

Alcuni di loro avevano passato il fine settimana cercando di dare una spiegazione logica di come Manta avesse previsto l'evento, e avevano cercato di trovare un punto debole nella sua storia che si sarebbe potuto utilizzare per inchiodarlo. Altri avevano conversato sulla possibilità che Manta fosse un terrorista, e a che punto avrebbero dovuto davvertire le autorità.

Altri ancora con disposizioni più religiose o spirituali avevano studiato i riferimenti scritturali a cui lui aveva fatto riferimento, e avevano prestato più attenzione durante le loro funzioni religiose domenicali. A causa delle circostanze, persone di tutte le fedi pregavano più seriamente. Dopo che si era verificato l'evento devastante, i banchi di tutti i diversi tipi di chiese cominciarono a riempirsi

I membri del Gruppo T9 si ripresentarono nella stessa sala riunioni usato il Venerdì precedente, chiacchierando l'uno con l'altro e servendosi di brioches, caffè e tè che Manta aveva preparato per il gruppo questa mattina. Alla fine tutti si sedettero al tavolo in qualsiasi posto che desiderassero.

Manta si avvicinò alla finestra per aprire le imposte e prese posto nella parte anteriore della stanza dietro il leggio. "Spero che tutti voi abbiate trascorso un piacevole fine settimana. Posso immaginare che la maggior parte di voi abbia avuto almeno una notte insonne. Conoscendo i vostri ambiti di provenienza così come li conosco io, notti insonni non dovrebbero essere nulla di nuovo per nessuno di voi ", disse Manta, desideroso di iniziare la prima della serie delle sue tre rivelazioni. Manta continuò subito" Per amore del miglior utilizzo del nostro tempo durante i nostri incontri regolari abbiamo sempre mantenuto le chiacchiere al minimo, spero che questa tendenza continui. Dò il via a questo incontro.

"Dal momento che si tratta di una continuazione della riunione della scorsa settimana, vorrei consegnare la presidenza a Mr. Bill Oliver di nuovo", disse Manta. Bill scambiò il posto con Walter mentre Manta continuava a parlare, in modo da poter avere la poltrona anteriore destra dove aveva sempre preso posto il presidente. "In effetti, vorrei suggerire che la serie di questi tre incontri di questa settimana siano tutti presieduti da Bill. Cosa ne pensate di questo? "Chiese Manta mentre scrutava la sala per una reazione.

L'intero gruppo era d'accordo. Nel corso degli anni, Bill Oliver si era guadagnato il rispetto di tutti i membri del gruppo come un leader esperto, equilibrato, altamente diplomatico, e naturalmente carismatico.

"Grazie, lieto di accettare ", disse Bill, sentendosi onorato di ricoprire nuovamente questa posizione in questo incontro e nei due successivi. "OK, cominciamo. Eravamo rimasti la scorsa settimana dopo aver ascoltato l'inverosimile pretesa di Miles di essere un certa specie di profeta ispirato che è tornato indietro nel tempo per salvare il mondo. Egli ha capovolto tutte le nostre vite, rivelando che nel corso degli ultimi otto anni siamo stati tutti addestrati da lui per condividere questo sforzo eroico di utilizzare il nostro senso degli affari per guidare i nostri carri aziendali di Inc, Limited, Gmbh, e Spa, verso il tramonto per salvare il mondo. Come ultima arma per convincerci, ha predetto il più distruttivo genocidio del mondo in tempo di pace quando oltre ventimila persone sarebbero state spazzate via dalla faccia della Terra, in un solo istante il Venerdì sera.

"Abbiamo votato all'unanimità di sentire la prima presentazione di Miles oggi, al termine della quale voteremo per determinare se vogliamo rimanere coinvolti", continuò Bill. "E sono certo Miles spiegherà meglio in che modo saremo coinvolti se voteremo a favore. La domanda sarà, che cosa succederà se votiamo di non essere coinvolti, individualmente o in gruppo? "

"Anche io ho pensato questo" Rajneesh aggiunse subito dall'altra parte del tavolo di fronte a Bill. "Se il voto non è unanime, allora vuol dire che tutto il gruppo si scioglie, o fuoriescono solo le persone che votano contro essere coinvolte? Sarei dell'avviso che le persone che votano contro essere coinvolte dovrebbero lasciare il gruppo e promettere di non divulgare quello che abbiamo discusso, giusto? "

"Facciamo così," suggerì Bill. "Prendiamo il voto al termine della riunione di oggi. Se il voto non sarà unanime, allora avremo una discussione e una seconda votazione riguardo alle modalità di dividere il gruppo in quel momento ".

"Sono d'accordo," intervenne Carl dal fondo del tavolo. "Tutto questo sforzo oggi si ridurrà ad un voto di fiducia in Miles. Se voteremo all'unanimità, allora avremo dato piena fiducia. Se otterrà la maggioranza, allora probabilmente manterrà il suo gruppo e quelli che voteranno a favore, e gli altri se ne andranno. Se otterrà una minoranza, che poi si rifletterà in una grave mancanza di fiducia e la nostra seconda votazione sarà un voto sulla sua sanità mentale ".

Ci furono delle risatine soffocate sotto i baffi da parte dei membri. Nessuno del gruppo aveva fatto parola ad uno qualsiasi degli altri membri se si sentivano a sostegno di Miles o no, quindi, a questo punto del corso della riunione, potevano solo immaginare quello che gli altri membri stessero davvero pensando.

"Io presento una mozione di dare il primo voto al termine della riunione odierna. Quindi possiamo avere un'ulteriore discussione sulla seconda votazione, se fosse ancora necessario ", disse Drew, volendo passare alla presentazione di Miles.

"Io sono a favore", disse Claire.

"Abbiamo una mozione e un voto a favore. Tutti a favore? "Chiese Bill.

"Sì, sì, sì", dissero i membri del gruppo da tutto il tavolo.

"Tutti contrari? Nessuno contrario. La mozione passa. "

Miles rimaneva in piedi in silenzio durante tutta questa discussione nella parte anteriore della stanza. Aveva un alto livello di fiducia che avrebbe ottenuto l'appoggio dei suoi colleghi membri del gruppo Trek, ma certamente non erano obbligati, ed egli sapeva che avevano il diritto di lasciare il gruppo, se lo desideravano.

"OK, signor Manta. Hai la parola. Facci volare. Voglio dire in senso figurato, ovviamente. Non puoi farci volare ovunque o dirottarci nella tua astronave ", disse Bill scherzosamente. Alcuni membri ridacchiarono a questa battuta.

"Molto divertente", disse Manta. "Questo è in realtà un buon inizio per quello di cui voglio parlarvi prima. So che tutti voi siete seri tipi ... beh, ad eccezione di Bill. E tutti sappiamo quanto apprezziamo questa cosa. Dovete capire che nella mia situazione ci sono alcune cose di cui non vi posso parlare. Potrei dirvi cose che che vi spaventerebbero a morte. Delle cose sono state fatte oggi, in questo momento, mentre parliamo, che sono molto gravi e inaccettabili. Il mondo-l'ambiente- è molto resistente, ma quando viene spinto a un certo punto, le cose possono cambiare molto rapidamente. Siete tutti a conoscenza della crescita esponenziale. I batteri in un bottiglia sigillata si raddoppiano di quantità a un tasso crescente fino al momento finale, quando improvvisamente muoiono per i propri rifiuti. Questa è la situazione in cui il mondo potrebbe trovarsi se non vengono apportate delle modifiche.

"Sì, Bill aveva ragione quando si riferiva ai carri aziendali correre verso il tramonto per salvare il mondo", disse Manta. "Come si è visto, solo l'iniziativa privata può salvare il mondo. Noi tutti dovremmo sentire questo. Ogni giorno vediamo esempi di come i programmi basati sui governi rapidamente vengono insabbiati dalla burocrazia, dove ogni angolo è manipolato da profittatori o forze egoistiche di conservazione del posto di lavoro per produrre la massima inefficienza e il più alto costo. I programmi governativi funzionano solo quando i minimi comuni denominatori sono persone come Neal Armstrong e Gene Kranz. Sì, i razzi Apollo furono costruiti dal miglior offerente, ma in questo caso questo era il migliore del mondo. Questi ragazzi erano stati cresciuti in fattorie in cui, ancora bambini, ogni mattina si svegliavano cercando di trovare una nuova sfida intelligente che mettesse la loro vita in pericolo. Essi impararono per esperienza a gestire come correre rischi. Non si può regolamentare questo tipo di attitudine o impararlo da un libro. Sì, naturalmente, il governo ha il suo posto. E sì, è necessaria una regolamentazione. Ma, sorprendentemente, sono le società stesse che sono le uniche che possono emanare con successo delle regole. Le buone intenzioni delle regole devono essere quello che le multinazionali vogliono pubblicizzare: "Lo facciamo perché ci teniamo" Inoltre, sono le società legittimate che hanno la giusta prospettiva per prendere rischi e assumersi le conseguenze di un fallimento. I governi non dovrebbero essere coinvolti nella faccenda di prendere rischi, o assorbire le perdite delle società che hanno fatto scelte sbagliate. Le società devono adattarsi al cambiamento e all'innovazione, e se non possono, hanno bisogno di andare via o togliersi di mezzo.

"Chiedo scusa .... Sto già andando per la tangente ", disse Manta, cambiando posizione e riorganizzando alcuni dei suoi appunti per riprendere il filo. "Conosco tutte le vostre situazioni. Conosco le vostre imprese, conosco le vostre famiglie, e conosco i vostri punti di forza e di debolezza. Non chiederei mai nulla da voi di più di quello che io credo siate capaci. Non vorrei mai intenzionalmente mettere in pericolo la vostra salute e sicurezza, o quella dei vostri familiari. Come ho detto prima, mi prendo personalmente la responsabilità finanziaria affinchè le vostre imprese non soffrano della vostra assenza. Soprattutto, ho già curato di che, attraverso il posizionamento dei vostri protetti e costringendovi ad orchestrare le vostre strategie di uscita, come tutti voi vi rendete conto adesso, "Manta spiegò.

"Vi chiedo di partecipare ad una serie di incontri che voglio chiamare 'conferenze'", disse Manta. "Il soggetto sarà in gran parte, se non del tutto, di natura scientifica, e più avanti.capirete il perché. Oltre alle tre conferenze, vi assegnerò un paio di compiti di lettura. E' importante per voi leggere e studiare queste informazioni.

"So che alcuni di voi non sono tecnici," continuò Manta. "Voi potreste essere intimiditi da qualche argomento scientifico, quindi mi scuso in anticipo. Tutto quello che posso fare è frantumare le informazioni per rendervele digeribili. Siamo tutti adulti istruiti quì, e quello che stò per descrivervi non dovrebbe essere poi così difficile da capire. Ho fiducia in voi. Non dovrebbe essere più complicato di ciò che i ragazzi stanno imparando nelle scuole medie oggi. Il mio materiale è scritto con una prospettiva storica. Ed è destinato a mettere in evidenza alcune delle più grandi scoperte della scienza, alcuni bivi lungo il cammino , e alcune svolte sbagliate. Avrete un sacco di opportunità di andare oltre le dispense e di avvalervi di un libro di testo e ricerche su Internet per il significato storico dei concetti matematici, comprese le polemiche sul-la area-sotto-la-curva area e la velocità istantanea.

"Da queste informazioni la nostra proprietà intellettuale sarà messa in moto", spiegò Manta. " Le strutture aziendali saranno organizzate su base mondiale per la diffusione dell'uso della nostra tecnologia per il beneficio del pubblico e dell'ambiente. Ci saranno dei costi enormi, sia dei materiali che delle risorse umane necessarie affinchè questo accada. Questa è una avventura no-profit, e noi non siamo interessati ad un aiuto finanziario da parte del governo.

"Un traguardo importante per la nostra azienda è quello di ripulire la cattiva immagine che è stata ritratta dei dirigenti aziendali," dichiarò Manta. "Sappiamo tutti che il danno che è stato fatto da diversi settori, soprattutto dal settore bancario, dove l'avidità sfrenata e il denaro facile ha distrutto l'immagine dei dirigenti aziendali. Possiamo farlo solo con l'esempio.

Io so che tipo di amministratori delegati voi non siete. Voi non siete il tipo che ha imparato l'arte di pagarsi bonus esagerati per non fare nulla. So che voi non vi paghereste dei bonus se la vostra azienda ha perso soldi. So come tutti voi avete vissuto e condotto i vostri affari. Ho visto come avete passato il testimone, e come avete incoraggiato e motivato gli altri. Inoltre, abbiamo un sacco di buoni esempi al di fuori delle nostre fila in molti diversi paesi e culture ".

Manta si spostò verso il lato del leggio e continuò. "Una convinzione comune che sò che tutti condividiamo è il grande potenziale che gli esseri umani hanno di progettare e costruire!" esclamò Manta. "Siamo davvero in grado di fare qualsiasi cosa in cui ci impegniamo. Abbiamo assistito a grandi progressi tecnologici in brevi periodi di tempo. Ma siamo andati poco avanti. Qualcosa è andato perduto. La chiave per tornare sulla buona strada si trova nelle persone e famiglie felici e produttive, e in una buona leadership, una leadership che è guidata fondamentalmente da buone idee e da una buona etica.

"Voi, amici miei, giocherete un grande ruolo in questo sforzo", disse Manta. "Ricordate come ho descritto i bivi lungo il cammino che sono state presi nel recente passato? Beh, ci saranno molti più bivi nell'immediato futuro. Sono certo che voi siete il gruppo più qualificato per prendere le decisioni migliori, mai messo insieme nella storia del genere umano. Non pensate però che io abbia tutte le risposte. Impareremo molto mentre procederemo e in questo saremo insieme.

"Quello che vi devo presentare vi darà gli strumenti fondamentali di comprensione, al fine di imparare come meglio possiamo plasmare il futuro", disse Manta. "Così mettetevi i vostri berretti-pensatoio, e parliamo della più grande svolta nella storia del genere umano."

CAPITOLO 6

LA NATURA FONDAMENTALE DELL'UNIVERSO

Alcuni membri si rimisero comodi nei loro posti perché sapevano che stavano per entrare in un argomento più pesante. Si raddrizzarono nelle loro poltrone e fissero gli occhi su Manta mentre questi metteva in ordine alcune carte sul leggio.

Si schiarì la gola e cominciò.

"Sin dalla notte dei tempi, grandi scoperte scientifiche e tecniche hanno cambiato il corso della storia umana. Queste scoperte spaziano da piccoli dispositivi meccanici, come la macchina per cucire, a congegni più complessi, come il convertitore Bessemer, alla incredibilmente complicata scienza coinvolta con l'energia atomica.

"In ogni caso, gli inventori di queste scoperte rivoluzionarie hanno dovuto temere per la propria vita. Perché? " chiese Manta retoricamente al gruppo. "Dal lavoratore sottopagato ai ricchi proprietari di aziende, in ogni caso, la sovranità e la sopravvivenza di gruppi di persone furono minacciate da queste nuove scoperte.

"Voglio avvertire tutti voi che le informazioni che vi presento e che discuteremo farà irritare alcune persone. Nutriranno ostilità verso di noi e cercheranno di screditare le informazioni che presentiamo. Il partito avversario sarà forte e in controllo, ma noi dobbiamo essere forti e capire che quello che stiamo facendo è l'unica opzione nel lungo termine. So che siete maturi e con esperienza sufficiente per accettare questo avvertimento.

"La prima cosa di cui ci accingiamo a parlare oggi sarà un giorno universalmente conosciuta come la Natura Fondamentale dell'universo. Tutte le altre leggi scientifiche, fenomeni, spiegazioni, e le osservazioni si basano su questa unica spiegazione di base dello stato del nostro universo. "

LA GRIGLIA SPIROGRAFICA

Manta si chinò sul podio per richiamare l'attenzione del gruppo.

"In questo momento, mentre tutti noi sediamo qui," Manta continuato, "è un fatto scientifico che stiamo viaggiando intorno al sole ad una velocità di circa 108.000 km/hr (67100 mph). Oltre a viaggiare a questa grande velocità, stiamo costantemente cambiando direzione.

"Quando dico che stiamo costantemente cambiando direzione, mi riferisco al fatto che noi stiamo sulla superficie della terra, che ruota con una velocità superficiale di circa 1670 km/hr (1040 mph) all'equatore. Pertanto, stiamo costantemente curvando mentre ruotiamo e orbitiamo attorno al sole.

"Inoltre, sappiamo che il nostro sistema solare è parte della Via Lattea, che ha un tracciato di rotazione che si aggiunge ai nostri continui cambi di movimento e di direzione.

"Osservando il cielo, abbiamo imparato che ci sono miliardi e miliardi di altre galassie e che la nostra Galassia Via Lattea stà ruotando attorno a una moltitudine di diverse galassie in una miriade di combinazioni e permutazioni direzionali."

Il gruppo sembrava di essere d'accordo con lui finora, perché questo era materiale scientifico di base. "Sarà scoperto in futuro che l'ordine di questi movimenti non è casuale," Manta spiegò. "Il modello di questi movimenti è in realtà la disposizione più precisa di movimento mai immaginabile.

"Questo ordine di movimento è chiamato griglia spirografica, e gli esempi sono mostrati qui nella Figura 1," Manta spiegò mentre usava il suo puntatore laser per evidenziare la figura 1 della sua presentazione multimediale di cui stava proiettando le immagini su uno schermo. Distribuì anche ad ognuno del tavolo un volantino che mostrava diverse immagini spirografiche e altre immagini contenute nella sua presentazione multimediale.

Tutti i membri guardarono con aria interrogativa i fogli di carta di fronte a loro e avvertivano come se stessero guardando un'immagine bloccata di un caleidoscopio. Alcuni ricordavano il popolare giocattolo con cui molti bambini di scuola elementare avevano giocato che includeva varie ruote con ingranaggi impiegati per formare le immagini spirografiche.

Manta continuò una volta che ognuno ebbe ricevuto una copia del volantino. "La scoperta di questo ordinato moto dell'universo ha profonde conseguenze per la comprensione dei fenomeni naturali. Questo moto spirografico, e le equazioni del moto e della forza che ne derivano, sono indicati come la natura fondamentale dell'universo, che è importante ricordare.

"Un altro aspetto significativo di questo altamente preciso modello di Griglia Spirografica è l'estremamente elevata velocità del moto. Ad esempio, ci vuole una piccola frazione di un microsecondo di tempo per il nostro intero sistema solare per percorrere l'intero ciclo di tutto il modello della Griglia Spirografica. Questo movimento ciclico avviene ad una frequenza risonante nell'ordine della velocità della luce.

"Siete con me finora?" chiese Manta al gruppo mentre si guardava intorno, e poteva dire che erano decisamente interessati a dove stava andando a finire.

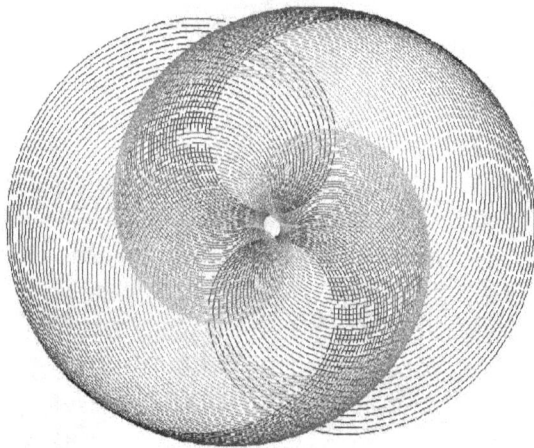

Figura 1 - Esempi di modelli Spirografici bi-dimensionali (2D). Il movimento Spirografico dell'universo è tridimensionale (3D) e ha una tendenza verso sinistra. Immagini simili si trovano in natura e sono state raffigurate nel lavoro di Leonardo Fibonacci. Vedere il capitolo 10 e www.wikappendix.com per quanto riguarda la regola della mano destra dell'induzione elettrica.

MOTO DINAMICO E MOTO CORPOREO

"Ora che la Natura Fondamentale dell'Universo, che io chiamerò NFU, è stato descritta, voglio chiarire che cosa si intende con la parola moto. Un chiarimento del nostro uso del termine 'moto' è importante se si considera che Albert Einstein formò una nuova religione quando fece del 'moto relativo' il tema principale della sua dottrina della 'relatività'.

"Prima di tutto, il moto relativo è una parte elementare dello studio della meccanica, compreso la statica e la dinamica, studiate da tutti gli studenti di ingegneria come parte del loro curriculum di istruzione.

Al fine di comprendere la griglia spirografica, dobbiamo chiarire due importanti tipi di moto, che sono 'dinamico' e 'corporeo.'

"Il moto dinamico è la combinazione del movimento di traslazione e di rotazione di qualsiasi massa. Il movimento di traslazione è la traiettoria seguita dal baricentro dell'oggetto, e il movimento di rotazione è semplicemente la velocità di rotazione. Una palla da baseball, per esempio, avrà una traslazione lungo la traiettoria che segue dal lanciatore al catcher, e avrà anche un movimento di rotazione, tranne quando il lanciatore lancia una 'palla ferma' dove si lancia intenzionalmente senza rotazione .

"Il movimento dinamico è molto ben compreso, e gli ingegneri sono in grado di modellare e calcolare le velocità e le forze associate con questo movimento. Un esempio di questa capacità di progettazione è l'avvento e perfezione della biella utilizzata nei motori alternativi. Ricordate, durante la rivoluzione industriale, le locomotive a vapore furono fatte per viaggiare a più di 150 chilometri all'ora. Potete immaginare le forze associate con una massiccia biella di molte tonnellate, che collegava la ruota del treno al pistone che girava a migliaia di giri al minuto? Per farlo funzionare, i progettisti crearono dei contrappesi per bilanciare perfettamente le massicce forze generate dalla traslazione e rotazione di questa grande massa rotante. Altrimenti, l'intero gruppo biella avrebbe causato tali gravi vibrazioni che avrebbe ridotto in pezzi la locomotiva.

"Il movimento dinamico di una biella è in realtà piuttosto complesso; si tratta di una combinazione di una velocita di traslazione – o lineare -, e angolare o –rotazionale -. Ogni estremità sta accelerando alla velocità massima e poi decelerando a velocità zero mentre si avvia nella direzione opposta, per tutto il tempo dondola con una rotazione angolare. E' una meraviglia che gli scienziati e gli ingegneri possano modellare questo movimento complesso con equazioni matematiche. Questa profonda comprensione del moto relativo è ciò che rende possibile produrre motori alternativi per auto da corsa che possono girare lisci come l'olio a regimi sorprendenti di oltre 20.000 giri al minuto ".

Manta girò la pagina delle sue note sul podio e continuò.

"L'altro tipo di movimento che dobbiamo capire è chiamato 'movimento corporeo,' che è il movimento di una massa riferito ad un altro corpo reale, ma quasi senza-massa. Per trarre beneficio dalla nostra discussione, possiamo immaginare questo secondo corpo come un 'sotto-massa' per ora. Vi prego di notare che il moto corporeo è un moto relativo; Pertanto, una massa, come un pianeta, potrebbe essere a riposo, mentre la sotto-massa si muove, o, la sotto-massa potrebbe essere a riposo, mentre il pianeta si muove.

"Una illustrazione di moto corporeo è il movimento relativo tra un pesce e l'acqua, ad esempio, dove il pesce stà nuotando contro una forte corrente e potrebbe effettivamente essere in movimento all'indietro rispetto alla terraferma. In questo esempio, il pesce è la massa e l'acqua è la sotto-massa.

"Sappiamo che ci sono oggetti quasi senza-massa nell'universo. Un esempio importante è l'elettrone. Ovviamente, il suggerimento dell'esistenza di un oggetto quasi senza-massa è un grosso problema, e senza dubbio evocherà l'idea di un 'etere.' Torneremo su questo argomento in un secondo momento.

"Questo modello di Griglia Spirografica ha profonde implicazioni per la nostra comprensione della natura fisica dell'universo, comprese le quattro forze conosciute: gravità, forze nucleari forti, forze nucleari deboli, e magnetismo.

"Di particolare interesse è il fatto che la scoperta della Griglia Spirografica, o potremo semplicemente chiamarla 'Spirogrid,' ci aiuta per la nostra comprensione della relazione tra massa ed energia. Più avanti discuteremo di una revisione di una delle più famose equazioni conosciute, $E = mc^2$. Useremo la conoscenza della Spirogrid per ricavare una nuova, più completa, e comprensibile equazione dell'energia

"Inoltre, ci svelerà un sistema per intrecciare l'energia della Spirogrid. Ma prima, usiamo la comprensione della Spirogrid per affrontare una domanda che ha tormentato l'umanità per un tempo molto lungo:? Qual'è la causa della gravità? "

GRAVITA'

Prima di iniziare la parte successiva della sua presentazione Manta guardò fuori dalla finestra per un secondo. Poteva vedere che era una bella giornata fuori. C'era una leggera brezza da ovest e poteva vedere le barche a vela che bolinavano attraverso la baia con angoli precisi e prevedibili relativi l'uno all'altro. Voltò di nuovo lo sguardo dalla baia ai volti dei suoi membri del gruppo e iniziò il suo prossimo punto.

"La Gravità è il risultato di una cosiddetta forza risultante netta. Il moto direzionale della Spirogrid in continuo cambiamento provoca una schermatura tra due masse o una tasca di resistenza tipo impedenza, che si traduce in questa forza risultante netta. Pertanto, la gravità non è un 'attrazione' ma piuttosto una forza risultante netta che spinge due masse una verso l'altra. Un'illustrazione che mostra il meccanismo della gravità è descritto nella figura 2, "disse Manta mentre faceva scorrere le immagini della sua presentazione, e e si riferiva al volantino con la Figura 2.

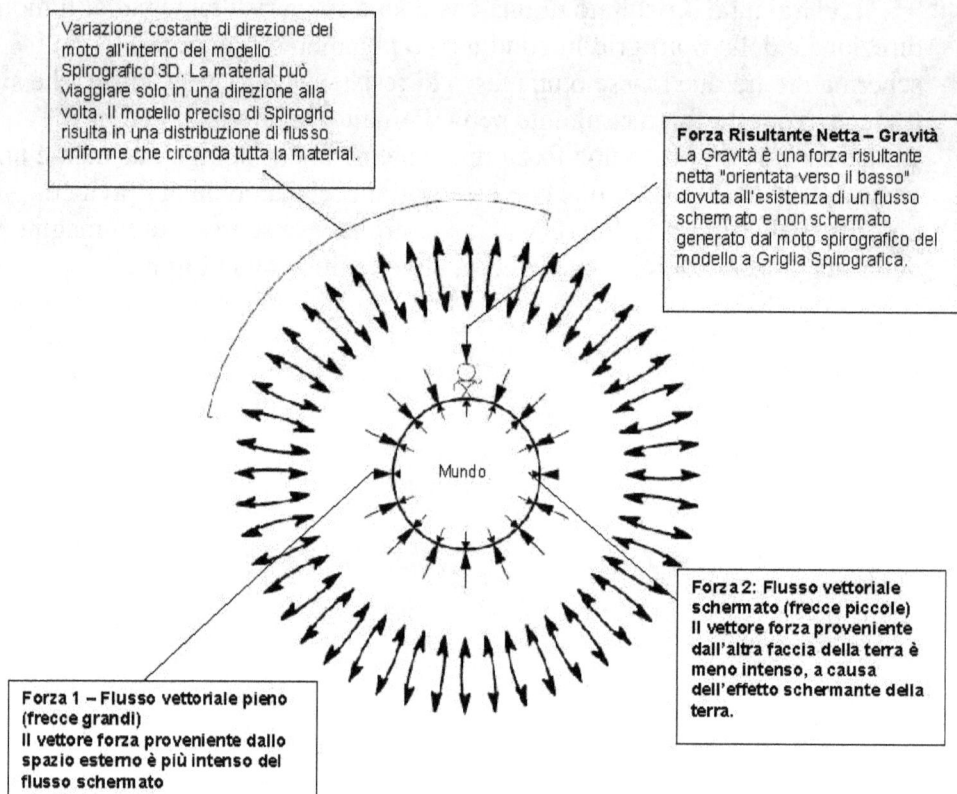

Variazione costante di direzione del moto all'interno del modello Spirografico 3D. La material può viaggiare solo in una direzione alla volta. Il modello preciso di Spirogrid risulta in una distribuzione di flusso uniforme che circonda tutta la material.

Forza Risultante Netta – Gravità
La Gravità è una forza risultante netta "orientata verso il basso" dovuta all'esistenza di un flusso schermato e non schermato generato dal moto spirografico del modello a Griglia Spirografica.

Mundo

Forza 2: Flusso vettoriale schermato (frecce piccole)
Il vettore forza proveniente dall'altra faccia della terra è meno intenso, a causa dell'effetto schermante della terra.

Forza 1 – Flusso vettoriale pieno (frecce grandi)
Il vettore forza proveniente dallo spazio esterno è più intenso del flusso schermato

Notes:
1. La "schermatura" è causata dall'impedenza della materia adiacente.
2. La frequenza estremamente alta del movimento ciclico del modello Spirografico provoca un effetto di impedenza risonante, che include le componenti di capacitanza, impedenza e induttanza.

Figura 2 – Meccanismo della forza gravitazionale. Vedere video su YouTube "Artificial Gravity Demonstration".

Manta fece una pausa così che i membri potessero guardare la figura per qualche istante per acquisire familiarità con essa, poi, continuò.

"Questo meccanismo di gravità è coerente con l'osservazione che l'intensità delle forze gravitazionali diminuisce inversamente con il quadrato della distanza. Questa caratteristica della gravità del quadrato inverso è paragonabile alla schermatura della luce da una lampadina. Ad esempio, l'intensità o la densità di flusso, la luce da una lampadina che vi colpisce diminuisce allontanandosi con la stessa legge dell'inverso del quadrato come la gravità.

"È facile illustrare la gravità posizionando due sfere galleggianti in un serbatoio di acqua, dove ciascuna sfera è tenuta sommersa a metà da un laccio collegato al fondo del serbatoio, quindi posizionando il serbatoio su una piastra vibrante operante ad una frequenza di risonanza. Mentre l'acqua vibra, le sfere graviteranno una verso l'altra. Si muovono una verso l'altra a causa di un'area di bassa pressione tra le due sfere causata dalla schermatura dell'energia ondosa che si riflette in tutte le direzioni all'interno dell'acqua in vibrazione. La forza risultante spinge le due sfere una verso l'altra. Poiché vi è una schermatura degli oggetti, questa spiegazione di gravità si basa su un effetto di movimento corporeo, cioè, un mezzo di qualche tipo, di cui parleremo più avanti.

Manta utilizzò il proiettore multimediale per riprodurre un video sullo schermo che mostrava l'esperimento di gravità, in cui la piastra vibrante veniva accesa e spenta, mostrando le due sfere "attrarsi" a vicenda quando la piastra vibrava, quindi immediatamente separarsi quando veniva spenta.

"Perché non ci prendiamo qualche minuto per alzarci e sgranchirci? Inoltre, vi invito ad uno spuntino o a bere qualcosa, se volete. "

Manta lasciò il video in riproduzione continua, mentre il gruppo parlava tra di loro e si godeva la breve pausa per prendere un caffè e sgranchirsi le gambe. Manta stava riordinando i suoi appunti per la prossima parte della sua presentazione.

Una volta che furono tutti seduti, Bill fece un gesto a Manta di riprendere la sua presentazione. Riprese, "ci sono altri importanti fenomeni che si verificano a causa del moto spirografico dell'universo riferito al centro di rotazione che cambia", disse Manta. "Per esempio, abbiamo tutti familiarità con la forza centrifuga, che è quella per cui si sente tirare la corda quando si collega una palla ad una corda e la si fa ruotare in circolo. La cosa sorprendente del moto spirografico è che, a causa del centro di rotazione in continuo cambiamento, la direzione di questa forza centrifuga è anch'essa in continuo cambiamento. Questo cambio del centro di rotazione ha profonde ramificazioni nel tentativo di descrivere le cause delle quattro forze principali che esistono nell'universo. Queste ramificazioni sono ulteriormente affrontate in appendice al volantino che fornirò al termine di questo incontro.

"Un rapido esempio di una forza centrifuga causata da un tipo di moto spirografico è l'azione di marea di grandi masse d'acqua sulla Terra. Tecnicamente, la luna non ruota attorno alla Terra. Sia Terra e la luna ruotano attorno ad un punto che si trova tra il centro di gravità della Terra e il centro di gravità della luna. Questo punto è chiamato il 'baricentro.' Questa rotazione spiega perché ci sono due alte maree, un'alta marea e una bassa marea che si verificano ognuna sulle facce opposte della Terra. L'alta marea è causata dalla forza gravitazionale più forte tra Terra e la luna che spinge gli oceani verso la luna. Questa alta marea è dovuta alla forza gravitazionale causata dal moto corporeo della Terra corporea riferito ad un mezzo sotto-massa.

"La bassa marea è causata dalla forza centrifuga più debole della Terra mentre ruota intorno al baricentro. Essa spinge l'acqua verso l'esterno e lontano dal baricentro, nello stesso modo che farebbe l'acqua se voi roteaste in cerchio uno straccio impregnato d'acqua. Poiché la forza centrifuga che provoca la bassa marea è dovuta alla rotazione della Terra, è di natura dinamica e non dipende dal moto corporeo di un mezzo."

Manta cambiò posizione e si fermò accanto al podio prima di continuare.

"Ora, dopo aver visto gli effetti che il baricentro ha sulle azioni di marea della Terra, immaginate le conseguenze che un centro di rotazione in continua mutazione causeranno al moto spirografico per tutta la materia dell'universo. Questo esempio di forza centrifuga è veramente una 'forza a distanza', un termine usato dai primi teorici nel campo della fisica e dell' elettromagnetismo, e sarà una componente importante nelle scoperte sulla generazione delle forze della natura, tra cui il magnetismo. Ancora una volta, descrizioni più dettagliate su come il moto dinamico e corporeo della Spirogrid sono legati alle forze della natura, tra cui la gravità, sono fornite in appendice dai compiti di lettura da portare a casa."

Manta guardò l'orologio per controllare quanto tempo gli restasse prima della pausa per il pranzo. Aveva poco più di un'ora.

Manta continuò. "Tutte le forze gravitazionali ed i movimenti che ho descritto sono spiegati da quello che viene chiamato energia cinetica energia associata con una massa che viaggia con una velocità. È importante comprendere che la stessa energia cinetica che provoca anche la gravità provoca violente esplosioni nucleari. Cercherò di discutere di questo con delicatezza, a causa del disastro che è accaduto la scorsa settimana.

"Cominciamo col ripassare come funziona una bomba atomica. Una bomba atomica è fatta prendendo una sfera di materiale di nucleo, fatto di materiale fissile come l'uranio, e circondandolo con un insieme di cunei acciaio. I cunei di acciaio sono disposti in modo da formare una sfera che circonda il materiale del nucleo. Questa sfera viene poi circondata da uno strato di materiale esplosivo TNT. Tutto questo assieme di TNT, gusci d'acciaio, e il materiale fissile sono poi racchiusi in un guscio di acciaio molto forte. Il materiale del nucleo, l'uranio, ha il peso molecolare più alto dei materiali che esistono sulla Terra. Quando la TNT esplode, le forze di compressione simmetricamente radiali dell'esplosione TNT sono contenuti dal guscio di acciaio circostante e sono esercitate sui cunei d'acciaio interni, che a sua volta comprimono il materiale di base in un punto chiamato "supercritico". Questo è ciò che provoca la violenta reazione nucleare dell'uranio.

"I libri di testo vi dirnno che la violenta reazione nucleare si verifica perché c'è una reazione a catena dei neutroni all'interno del dell'uranio. Abbiamo tutti sentito questa storia. Questa spiegazione implica che l'energia prodotta dalla violenta esplosione nucleare deriva, o è intrinseca, alla massa dell'uranio. L'equazione $E = mc^2$ è spesso citata per illustrare le enormi quantità di energia che sono intriseche alla massa, in particolare sostenendo che la massa è energia e, viceversa, l'energia è massa.

"Beh, la teoria dei neutroni e $E = mc^2$ non spiegano con precisione l'esplosione atomica. La massa non è energia e l'energia della violenta reazione nucleare non deriva dall'energia intrinseca della massa. Invece, l'energia deriva dall'energia cinetica della massa a causa della sua velocità relativa alla Spirogrid. Mi spiego ", disse Manta, dopo aver visto parecchi sguardi perplessi intorno al tavolo.

"Supponiamo che Drew pesa 100 chilogrammi," Manta disse mentre batteva Drew Gardner sulla spalla.

"Aspetta un attimo, suona un pò troppo per me," disse Drew nel suo gergo australiano. Il resto del gruppo rise alla battuta di Drew. Drew era un grande uomo, e 100 chili non sarebbero stati troppo.

"Naturalmente, Drew, ma lo facciamo solo per rendere la matematica semplice," rispose Manta.

Manta spostato verso la lavagna bianca, prese un pennarello, e iniziò a scrivere un calcolo mentre parlava.

"Abbiamo già descritto come tutti noi abbiamo una velocità di 108,000 km all'ora mentre la terra si muove intorno al sole. Se usiamo Drew a 100 kg e utilizziamo l'equazione ben nota per il calcolo della sua energia cinetica, che è una volta e mezzo la massa per la velocità al quadrato, la convertendo i chilometri all'ora in metri al secondo, questo viene a… "Manta scrisse la soluzione sulla lavagna e si voltò verso il gruppo.

"Fà quarantacinque con nove zeri, o, quarantacinque gigajoule,", disse Manta. "Ora, se volessimo sfruttare tutta l'energia cinetica, dovremmo convertire la potenza riducendo la velocità di Drew fino a zero, e dal momento che stiamo parlando di reazioni rapide, diciamo lo facciamo rapidamente, in circa un decimo di secondo, che è un'eternità rispetto alla velocità di un'esplosione termonucleare. Quindi, dividiamo 45gigajoules per 0,1 secondi, e otteniamo 450 gigawatt. Per darvi un'idea di quanta potenza si tratta, tutti gli Stati Uniti consumano un totale di 80 gigawatt in un giorno intero! E per favore tenete conto che questa potenza è dovuta solo all'energia cinetica della nostra velocità mentre la Terra orbita intorno al Sole. La velocità attraverso la Spirogrid è di molto molto superiore, possibilmente la velocità della luce.

"Questo calcolo di energia è un fatto indiscutibile. E ricordate, questa è l'energia cinetica di Drew mentre lui se ne sta lì senza fare niente. Allora ci siamo, Drew, scommetto che non ti sei mai sentito così grande, "Manta scherzò.

"Non lo nego," rispose Drew.

"Lo scopo di questa semplice illustrazione è quello di mostrare le quantità incredibili di energia a causa del nostro movimento dinamico attraverso lo spazio. Non stò dicendo che questo movimento dinamico sia la fonte unica di energia che è associata con una esplosione nucleare. Per il nostro incontro di domani noi deriveremo una nuova equazione energetica che identifica una forma ancora non identificata di energia dell'universo, chiamato energia 'transformic'. E questa è una forma significativa di energia che è associata con le reazioni nucleari, e tutte le reazioni chimiche. Quello che sto dicendo è che capire l'energia associata alla massa può essere semplice roba da liceo, e non richiede una misteriosa matematica quantistica, o un mucchio di chiacchiere che la massa è energia e l'energia è massa, "Manta esclamò con aria di frustrazione.

"La nostra Via Lattea sta volando attraverso lo spazio ad una velocità incredibilmente alta, dell'ordine della velocità della luce. Si muove così velocemente che nei i microsecondi in cui la massa dell'esplosione atomica è diventata supercritica, la nostra galassia ha cambiato direzione milioni di volte e ha percorso una distanza incredibilmente grande. Il percorso che la nostra galassia ha viaggiato in questa frazione di secondo non è lineare, ma si verifica in un modello spirografico risonante, vedete.

"È importante comprendere che la stessa energia causata dal movimento - energia legata alla velocità e massa - che provoca la gravità è anche l'energia che causa la violenta esplosione nucleare.

"Ritorniamo all' esplosione nucleare. Quando la massa è compressa ad una densità supercritica, crea una resistenza critica che ostacola la capacità della massa di viaggiare, e cambiare direzione, attraverso la Spirogrid. Ora ricordate, questa velocità potrebbe essere dinamica, come la velocità di Drew viaggiando con la terra intorno al sole, o corporea, come ad esempio la velocità del pesce rispetto al vapore fluente dell'acqua. Questa resistenza ai cambi di direzione causa forze maggiori di compressione, le stesse forze che causano la gravità, che causano ulteriore resistenza, che causano ulteriori forze di compressione, così via e così via, con conseguente collasso autocatalitico catastrofico della massa nell'oblio. Questo processo comporta l'enorme rilascio di energia che si osserva in una esplosione nucleare. Il tasso esponenziale della reazione è dovuta al collasso autocatalitico della massa; in altre parole, una volta che inizia il collasso, ulteriore collasso aumenta la densità della massa, che aumenta ulteriormente il tasso di collasso, e così via, con un conseguente fulmineo rilascio di violenta energia. Questo è lo stesso meccanismo che si verifica quando una stella passa supernova ".

Manta avvicinò al computer e premette alcuni pulsanti per portare una visuale all'attenzione del gruppo sullo schermo nella parte anteriore della stanza. Aveva un film al rallentatore di una reazione nucleare e una stella che diventava supernova con delle frecce che puntavano sulle fasi di quello che stava accadendo, che spiegava facilmente quello di cui lui stava parlando.

Dopo qualche istante di silenzio, Malik parlò prima che Manta potresse continuare a. "Miles, stai dicendo che Einstein si sbagliava ?!" chiese Malik, incapace di nascondere la sua sorpresa.

Manta tornò dietro il podio davanti al tavolo e lentamente rispose: "Sì. Sto dicendo che Einstein si sbagliava. "

Manta notò non solo la sorpresa di Malik per la sua risposta, ma vide gli altri membri si scambiano occhiate tra loro sgranando gli occhi.

Manta continuò prima che i loro pensieri corressero troppo. "Non c'è dubbio che Einstein era un grande fisico teorico. Egli stesso sentiva che stava lottando e cercando, e lui stesso sapeva di non avere tutte le risposte. Erano le circostanze di quel periodo di tempo che causarono gli scienziati moderni ad innamorarsi e a farne un dio infallibile della fisica come è conosciuto.

"Ricordate, Einstein non ha inventato il nucleare. Questo merito va in gran parte al lavoro di Enrico Fermi, e poi Robert Oppenheimer.

"Il business della fisica di alto livello che conosciamo oggi è stato portato avanti da uomini come Edward Teller, il cosiddetto padre della bomba all'idrogeno. Se si guarda davvero come erano davvero uomini come questi, la parola umiltà non verrebbe in mente. La scienza prese una strada sbagliata durante il periodo della guerra fredda. I "segreti" della guerra fredda portarono a più inganni e truffe che verità sulla scienza di base. La guerra fredda portò un sacco di manipolazioni da parte dell'industria della difesa per vendere ai governi i loro prodotti e sistemi, come la bomba al neutrone. Naturalmente, queste manipolazioni erano giustificate se avessero ingannato i russi, o sarebbero andate in rovina cercando di contrastare la minaccia. Oh, a proposito, secondo la teoria Spirogrid, non esisterebbe una cosa come la bomba all'idrogeno o l'energia di fusione. Almeno non nel modo in cui la scienza convenzionale la descrive. "

"Che cosa ?! Come puoi dire che non esiste la Bomba H? " gridò Takashi dal retro del tavolo, sentendo chiaramente atterrito.

Manta girò intorno al lato del podio e cercò di spiegare questo razionalmente. "Sappiamo che la bomba all'idrogeno 'fuso' utilizza presumibilmente una bomba a fissione per avviare la reazione termonucleare, nello stesso modo in cui la TNT avvia la bomba a fissione. Dimmi, Takashi, chi stà contestando l'affermazione che le bombe nucleari che furono esplose nelle isole Bikini erano dispositivi a fusione, piuttosto che semplici vecchie bombe a fissione? Nomina una persona che potrebbe testimoniare davanti al Congresso dicendo che Edward Teller si sbagliava. Nomina una persona che possa ottenere i dati e fosse disposta a buttare via tutto il lavoro della sua vita e la forte convinzione nella fusione, per dire che la fusione non esiste. "

Manta si assicurò di non aver alzato la voce e tornò dietro il leggio e continuò.

"Ricordate, questi sono ragazzi con deigiocattoli. Provate a togliere ad un bambino il suo giocattolo preferito, e capirete cosa intendo. Dichiarare che l'energia da fusione non esiste è una minaccia diretta al loro lavoro e sopravvivenza come scienziati, e a tutte le loro aspirazioni di sbloccare l'energia che alimenta il Sole Questo scenario si è ripetuto più e più volte nel corso della storia dell'umanità, perfino nella nostra storia più recente. Nel 1970 il pubblico fu ingannato dal famoso 'Glomar Explorer' costruito da Howard Hughes, ma finanziato dal governo degli Stati Uniti, con l'intenzione di minare il fondo dell'oceano, quando poi si rivelò che era stato costruito per recuperare un sottomarino nucleare sovietico affondato . Nelle menti dei poteri in controllo tutte queste menzogne e manipolazioni erano giustificate. "

"Allora che cosa sono queste esplosioni gigantesche che vediamo? Non è questa la prova sufficiente che siano bombe a fusione di idrogeno e non bombe a fissione stile Nagasaki? " chiese Drew dal centro del gruppo.

"Ci sono molte forme, sistemi e dimensioni di bombe," Manta cominciò a spiegare. "Questo è vero anche per esplosivi convenzionali. L'ambiente in cui la bomba esplode è particolarmente importante. Ad esempio, quelle magnifiche esplosioni che si sono verificate nelle isole Bikini ... sì, sembravano diverse dalle bombe terrestri. Non perché funzionavano per fusione, ma perché erano state esplose sott'acqua. Inoltre, erano dispositivi molto più grandi. Ancora una volta, le bombe H non sono altro che grosse bombe a fissione. Il meccanismo di come funziona consiste in un disturbo critico e resistenza al moto nella Spirogrid, e l'energia liberata non è intrinseca alla massa. Piuttosto, l'energia rilasciata deriva dalla velocità iniziale della massa, compresa velocità traslazionale e rotazionale, e come deriveremo seguito, da una forma di energia chiamata energia transformic ".

Drew ritenne che, la sua domanda era stata evasa abbastanza, e si rilassò di nuovo sulla sua sedia, ancora una volta.

"L'altro esempio di fusione sarebbero i tentativi di costruire reattori a fusione," Manta spiegò. "Quando ero un adolescente, e anche nei miei anni di college, ci furono pretese che, in un prossimo futuro, i reattori a energia di fusione avrebbero reso l'elettricità così a buon mercato che le case non avrebbero avuto nemmeno bisogno di un contatore per determinare l'utilizzo e le spese elettriche. La comunità scientifica continuò a promettere per decenni, ancora dieci anni, ancora dieci anni da oggi ... Eppure, eccoci qui. Nonostante i miliardi di dollari spesi, non c'è un dimostrabile esempio di elettricità da energia di fusione. Non siamo nemmeno vicini. Invece, ci stiamo agitando da ogni parte per ottenere ulteriori fonti di gas naturale per alimentare la nostra rete. Chiaramente, avremmo dovuto investire il denaro in celle solari e biomasse. "

Manta vide Katerina scuotere la testa in approvazione a quello che aveva appena detto e sentì un sacco di "HUMM" anche intorno al tavolo e, mentre tutti si appoggiarono indietro nelle loro sedie e continuarono ad ascoltare.

"Mi dispiace di essere portatore di cattive notizie", continuò Manta. "Ma in realtà questa non deve essere considerato una cattiva notizia ...

"Ho paura di aver dipinto l'immagine sbagliata di scienziati e ingegneri esponendo alcuni casi in cui abbiamo preso una strada sbagliata. Di gran lunga, nella maggior parte dei casi, gli scienziati e gli ingegneri sono sinceri circa i loro sforzi per migliorare il mondo attraverso l'innovazione e la scoperta. E 'molto importante per tutti capire che questo non è il momento di perdere la fiducia nella scienza.

"Sì, queste informazioni dovrebbero essere prese tutte come una buona notizia. Non ho nemmeno cominciato a descrivere le implicazioni della Spirogrid ad altre aree più applicabili della scienza. Il compito più importante a portata di mano è andare a immaginare come diffondere le informazioni in modo responsabile ed efficace. "

"Miles, non hai paura che, rivelando queste informazioni, stai solo andando a insegnare a ogni gruppo terroristico nel mondo che sta cercando di costruire armi nucleari come costruire una bomba migliore?" chiese Walter, che si sentiva molto preoccupato.

"Beh, io continuo a tornare al punto che il più grande ostacolo per impedire alle persone di costruire bombe atomiche è la semplicità", disse Manta. "La verità è che se qualsiasi nazione ricca volesse costruire una bomba, alla fine tutte saranno in grado di farlo. Il problema principale affrontato da qualsiasi gruppo o nazione che vuole costruire una bomba è che, se la usassero firmerebbero la propria condanna a morte. Qualsiasi uso di una bomba nucleare si tradurrà in una grave rappresaglia e, probabilmente, in una distruzione nucleare. La capacità di cui ci dobbiamo preoccupare è associata con le modalità di costruzione. E questo potere è nelle mani soltanto di poche nazioni. Maggiori sforzi devono essere fatti sui metodi reciprocamente vantaggiose di dissuadere le nazioni o i gruppi dal voler usare queste armi.

"Invece di accaparrarsi i progressi tecnologici, il mondo ha bisogno di andare avanti nel promuovere le condizioni di vita di tutte le persone. Quando ciò accade, un minor numero di persone disperate causeranno problemi per i loro vicini e per l'ambiente. Un maggior rispetto per la Terra ha bisogno di essere condiviso da tutti. "

Bill approfittò di un'interruzione nel discorso di Manta per raccomandare che il gruppo avrebbe dovuto prendere una pausa. Guardò l'orologio, poi annunciò, "Facciamo una pausa per il pranzo, se questo è un buon momento per te, Miles.

Manta accettò e sentì fame lui stesso.

"OK, vediamoci di nuovo qui tra circa un'ora. In fondo al corridoio c'è un abbondante buffet, con i complimenti di Mr. Manta ", disse Bill.

I membri del gruppo lasciarono la stanza andare a pranzo e prendere un po 'd'aria fresca sul patio del centro congressi. Miles si fece un piatto, tornò nella sala conferenze, prese una sedia, e si sedtte vicino alla finestra così da poter ammirare la grande città mentre mangiava.

Bill fu la prima persona a tornare dalla pausa pranzo, e si avvicinò e si fermò accanto a Manta alla finestra.

"Come sto andando?" Manta gli chiese con un mezzo sorriso.

"Troppo drammatico, ma sappiamo tutti quanto tu sia appassionato", disse Bill, ritornando il sorriso .

Quindi tutti i membri del Gruppo T9 rientrarono nella sala e ripresero il loro posto intorno al tavolo. Si sentivano come se fossero sovraccaricati di informazioni, ma erano completamente affascinati da tutto ciò che Manta stava condividendo. Erano pronti a che Manta continuasse.

L'ORDINE DELL'UNIVERSO

Manta stava tornando indietro dal buttare la sua spazzatura nel cestino in fondo alla stanza, mentre tutti stavano prendendo posto. Andò diritto al podio e si rituffò laddove aveva lasciato.

"Prima di parlare di altre implicazioni scientifiche della Spirogrid, vorrei soffermarmi su alcuni dilemmi filosofici che dovremmo confrontare con la rivelazione di questa informazione", egli disse.

"Come sapete, la teoria generale circa l'origine dell'universo ruota attorno alla Teoria del Big Bang. Con la nostra innovazione tecnologica, l'energia associata con l'origine dell'universo sarà parte dell'Equazione della Nuova Energia che noi deriveremo dalla nostra conoscenza della Spirogrid. Per quanto riguarda la teoria del Big Bang, ad essere onesti, non so se questa teoria è valida o meno. Ma sono certo che non influisce sulla mia vita, o su come io o la maggior parte delle persone nel mondo mettiamo il pane in tavola.

"C'è un difetto che vedo con la Teoria del Big Bang : questa implica che ci sia un disturbo, o addirittura il caos, nell'universo.

"Sono molto perplesso dal fatto che gli scienziati studiano gli oggetti della natura che sono visibili ad occhio nudo e anche il mondo microscopico con microscopi elettronici, e scorgono un ordine incredibile. Eppure, quando guardano al cielo presumono casualità o il caos. Perché? " chiese Manta e si guardò intorno nella stanza per un breve istante.

"Quando si guarda al più semplice organismo, diciamo, una mosca della frutta che viene apparentemente dal nulla, più la si guarda, più si scorge una complessità affascinante." spiegò, "Ogni segmento oculare o ogni follicolo pilifero sembra sempre più dettagliato. Maggiore è l'ingrandimento, maggiore è l'ordine di complessità. Anche il mondo subatomico mostra strutture di reticolo cristallino incredibilmente intricate. Eppure, guardando l'universo, molti lo ritengono un caos casuale. Perché? "Chiese di nuovo Manta.

"Il vasto universo è regolato dal disordine?", continuò. " Niente affatto. In realtà, l'ordine incredibile e la complessità dei movimenti e le orbite nell'universo sono gli esempi più belli di ordine che possiamo osservare. L'ordine e la precisione del modello spirografico 3D della Spirogrid sono pazzeschi. Date un'occhiata alla Figura 1 di nuovo e vedrete di cosa sto parlando.

"Le sfide matematiche di modellare i movimenti intricati della Spirogrid sono preoccupanti. Eppure, ci sono eminenti matematici che producono modelli brillanti e semplificano i problemi, molti come Keplero e Newton semplificarono le orbite ellittiche dei pianeti, o come Tesla modellò l'elettricità a corrente alternata.

"Non mi importa se voi credete che la formazione dell'universo sia stata un incidente, per caso, o l'opera di un Creatore intelligente. L'ordine e la complessità dell'universo è innegabile. Ed è una cosa meravigliosa.

"A questo punto, vorrei mostrarvi una breve clip filmato che evidenzia parte dell'ordine e della complessità di cui vi ho accennato. So che alcuni di voi preferiscono un apprendimento visivo, quindi questo aiuterà illustrare ciò a cui mi riferisco. "

Manta si avvicinò al computer, fece clic su alcuni pulsanti, abbassò le luci, e il film iniziò sullo schermo.

I membri del gruppo apprezzarono il cortometraggio artistico che evidenziava l'ordine dell'universo dal punto di vista più ampio delle galassie fino ai dettagli microscopici che si trovano sotto i microscopi elettronici a scansione più avanzati al mondo. Manta spense le luci di nuovo e cominciò da dove aveva lasciato.

"Come ho detto prima, la comprensione della Spirogrid costituisce la spiegazione di base dello stato dell'universo e tutte le altre leggi scientifiche, fenomeni, spiegazioni, e osservazioni", affermò.

"Affinché tutti voi possiate essere efficaci nella gestione di queste informazioni, credo che sia necessario avere una conoscenza rudimentale di alcune delle scoperte più importanti legate alla Spirogrid. Il cielo non voglia che troviate qualcun altro per spiegarvi queste cose. E credo che troverete la scienza alla base di queste scoperte facile da capire. "

Molti membri si guardarono l'un l'altro e rotearono gli occhi.

Manta continuò. "L'approccio migliore è quello di utilizzare una prospettiva storica. So che molti di voi non sono scienziati, così ho preparato questo volantino dal titolo 'La revisione della seconda legge Newton e di "E

= mc2" per quelli di voi che non hanno una formazione in calcolo infinitesimale, disse Manta mentre distribuiva il volantino a ciascun membro, sia che avessero o no una formazione matematica.

"Vi prego di leggere questo prima della prossima riunione," disse, girando intorno al tavolo. "Per quelli di voi che non hanno una formazione in calcolo infinitesimale, dategli un'occhiata e preparatevi a vedere un po 'di algebra di base nel corso della prossima riunione.

"Inoltre, per i successivi 30 minuti, vorrei mostrarvi un video che descrive e illustra la Spirogrid e il suo rapporto con le leggi scientifiche. Penso che migliorerete molto la vostra comprensione attraverso questa presentazione. "

Manta cliccò su alcuni tasti del computer e abbassò le luci ancora prima che iniziasse il video. I membri del gruppo girarono le loro sedie verso lo schermo televisivo e si appoggiarono agli schienali apprezzando la possibilità di essere informati su questo argomento. Erano tutti molto incuriositi.

Una volta che finalmente il video finì, l'incontro era sul punto di concludersi. Manta facilitò una breve discussione sugli argomenti presentati nel film e chiarì qualsiasi confusione sulla Spirogrid.

Era giunto il momento di vedere quale sarebbe stata la prossima mossa. Bill prese la parola e fece votare il gruppo se avrebbero continuato o no la serie di presentazioni di Manta.

Il gruppo votò all'unanimità a favore di continuare la serie, e misero in programma di tenere la prossima riunione il giorno dopo, Martedì. Misero le loro cose nelle borse e uscirono poi lentamente dalla sala conferenze. Manta fece sapere a Bill che stava recuperando la registrazione della riunione su memoria-flash, e uscirono insieme.

CAPITOLO 7

E ≠ MC²
UNA NUOVA EQUAZIONE DI ENERGIA

Tutto si stava svolgendo proprio come aveva predetto Manta. Ancora, nessuna persona o gruppo aveva rivendicato la responsabilità per l'esplosione atomica in Chebala.

Come nota positiva, l'incidente stava creando profondi cambiamenti nei rapporti tra molti paesi. C'era un alto livello di cooperazione tra tutte le nazioni.

È stato detto che la calamità cambiano le menti degli uomini. O, era un semplice timore? C'era un consenso globale che questo non si sarebbe dovuto ripetere.

INCONTRO TREK N. 2

Era martedì mattina. Manta arrivò presso la sala conferenze prima del gruppo così avrebbe potuto scrivere alcune cose sulla lavagna e appuntare un disegno della Spirogrid.

I membri iniziarono ad affluire lentamente, e prima di prendere i loro posti si gustarono alcuni spuntini mattutini e un caffè. Bill, che agiva come Presidente in carica, sedette nuovamente nella poltrona anteriore destra e riportò la riunione T9 all'ordine.

"Non so per il resto di voi, ma io mi sono divertito molto con il compito di lettura di ieri sera," Bill disse scherzosamente.

"Ho pensato che ti sarebbe piaciuto,", disse Manta. "Niente di meglio di un piccolo esercizio di calcolo infinitesimale per accoccolarsi accanto al caminetto."

"Sì, sicuramente brillante," disse Bill.

Gli altri annuirono con il capo.

"Era come pressare quattro anni di università in quattro ore di inferno," scherzò Bill, ridendo. "Ma l'ho recepito OK. Penso di essere promosso."

Alcuni degli altri membri si sentirono allo stesso modo e ridacchiarono.

"Spero che tutti voi siate a un livello confortevole con questi concetti", spiegò Manta. "Ricordate, non vi sto chiedendo di diventare matematici. Per lo più, volevo che conosceste la storia e lo scopo del calcolo matematico.

Tenete presente, avrete un sacco di tempo dopo i nostri incontri per condurre ricerche su internet e rivedere libri di testo per spiegazioni migliori che descrivono il significato storico di un importante traguardo matematico, vale a dire, l'uso dell' infinito e dei limiti infinitesimi per risolvere i problemi relativi alla polemica dell'area-sotto-la -curva e della velocità istantanea."

"Miles mi aveva spiegato che ci accingiamo ad avere una lunga conferenza oggi, così abbiamo cibo e bevande in fondo alla sala," spiegò Bill. "Così non esitate a servirvene in qualsiasi momento. Uno qualsiasi di noi che si alzerà e andrà verso la parte posteriore della sala aprirà automaticamente una breve pausa che permetterà a tutti noi di sgranchirci o usare il w.c.," spiegò Bill.

"OK, Miles, hai la parola. Iniziamo questo party,"disse Bill.

"Grazie, Bill," Manta disse e cominciò.

"Quando ieri vi ho parlato delle mie rivelazioni, una delle prime domande era stata, 'Stai dicendo che Einstein si sbagliava?'

"Mettendovi nei miei panni e sapendo che cosa avevo da rivelare, questo commento non sarebbe stato da aspettarselo? Qualsiasi lavoro che presenta nuove rivelazioni sulla natura dell'universo sarà immediatamente confrontato con il lavoro di Albert Einstein.

"Pertanto, si può capire perché è importante per la nostra formazione sulla Spirogrid," Manta si diresse verso il tavolo dietro di lui per indicare il disegno della griglia aveva appuntato, "per iniziare con una valutazione e il confronto di una delle più famose equazioni matematiche della nostra epoca moderna, $E = mc^2$. Per fare questo, dobbiamo raggiungere qualche grado di comprensione degli strumenti che ci hanno portato a questa equazione.

"Per quelli di voi con un background nel calcolo infinitesimale, il volantino che vi ho dato ieri fornisce un esempio di come $E = mc^2$ potrebbe essere ottenuto dalla derivazione del processo di calcolo applicato alla seconda legge di Newton."

Il gruppo fù incuriosito dall'inizio. Soprattutto perché Manta aveva scritto "$E \neq mc^2$" sulla lavagna. Rimasero seduti con attenzione e alcuni avevano il volantino del giorno precedente davanti a loro per riferimento.

UNA NUOVA EQUAZIONE DELL' ENERGIA (AREA SOTTO LA CURVA)

Manta cominciò la parte successiva della sua presentazione. "Per quelli di voi che non hanno una formazione nel calcolo infinitesimale, sono felice di farvi sapere che c'è un approccio più semplice," disse. "Sorprendentemente, questo approccio più facile fornisce un'espressione matematica molto più ampia rispetto a E = mc². Si vedrà come la nuova equazione dell'energia è molto più facile da capire e come essa tenga in considerazione tutta l'energia dell'universo.

"Per introdurre la discussione di questo materiale, userò una prospettiva storica.

"Ho intenzione di descrivere le cose usando termini che potrebbero non esservi familiari, ma dovrebbero essere comprensibili da uno studente di scuola superiore, quindi non preoccupatevi. Siate pazienti con me, e con un po' di tempo e aiuto, arriverete al nocciolo dei punti principali."

****

La conferenza di Manta
Questa conferenza dovrebbe essere divertente. Sia che abbiate una formazione in matematica o no, è consigliabile che prima scorriate questo materiale dall'inizio alla fine in modo veloce, eventualmente prendendo note, poi vi torniate più tardi per uno studio più approfondito.

AREA SOTTO LA CURVA, IL PROBLEMA E LA SOLUZIONE

Prima di entrare nell'esercizio matematico di derivare un'equazione dell' energia dalla scoperta della Spirogrid, dobbiamo riconoscere che abbiamo il privilegio di avere alle nostre spalle dei giganti. In un certo senso, questo significa che andiamo a barare.

A differenza degli scienziati di centinaia di anni fa, possiamo fare le cose senza dover dimostrare equazioni esotiche o superare dilemmi algebrici che minacciano di bloccarci sul nostro cammino. Abbiamo il vantaggio del precedente lavoro che ci ha fornito gli strumenti per risolvere i problemi matematici.

Tuttavia, al fine di produrre la nostra nuova equazione dell'energia, dobbiamo capire quali sono questi strumenti. Uno strumento per capire il quale ci sono voluti cento anni agli scienziati è relativo all' "area sotto una curva".

Iniziamo descrivendo qualcosa chiamata un'equazione lineare. Non vi preoccupate; è semplice. Infatti, si usa ogni giorno. Ad esempio, se dovete acquistare 2 litri di latte a 2 $, sapete che dovete pagare $4 alla cassa. E, se dovete acquistare 3 litri di latte, sapete che dovete pagare $6. E questo è tutto. Voi capite perfettamente e avete utilizzato un'equazione lineare. Ancora una volta, voi fate questo ogni giorno con vari oggetti e quantità e non vi rendete conto che state utilizzando equazioni lineari.

Un altro esempio di un'equazione lineare è legato alla velocità. Diciamo che state guidando a 100 chilometri all'ora. Quanto lontano andrete in 2 ore? Sì, 100 km/ hr x 2 ore = 200 km.

Questo è chiamata un'equazione di distanza e tasso, e gli scienziati e gli ingegneri lo tengono sempre in mente come d = r x t, o, più spesso, d = vt, dove d è la distanza, v è la velocità e t è il tempo.

Si potrebbe pensare che i Romani e gli Egizi avrebbero conosciuto e capito questo, ma noi tendiamo a dare semplici espressioni matematiche per scontate. Il concetto di velocità in termini di un'espressione matematica della distanza diviso da un'unità di tempo sarebbe stato estraneo a loro. Essi avrebbero capito distanza in termini di numero di giorni per un viaggio, ma probabilmente non in termini di velocità moltiplicata per il tempo.

Tuttavia, spostiamoci avanti nel tempo ai giorni di Galileo e Newton, quando le palle di cannone erano sparate a grande velocità e pensavano che i pianeti rotassero uno intorno all'altro. A quei tempi, la gente aveva a che fare con oggetti che viaggiavano a velocità di molto superiori. L'equazione di tasso sarebbe diventata più ampiamente usata. E con questo si giunse alla scoperta di una seria limitazione aper la sua accuratezza.

Si noti che l'uso dell'equazione lineare d = vt, nell'esempio del guidare l'auto per 2 ore, tiene in considerazione solo la distanza che si viaggia alla velocità costante di 100km/h per 2 ore. Sempre e in ogni caso, quando fate un viaggio in auto, si inizia a velocità nulla. Pertanto, la formula d = vt funziona solo in due punti del vostro viaggio — quando si è "al passo", e dove la velocità si mantiene costante.

Che cosa dire dell'inizio del vostro viaggio, dove state ancora aumentando la velocità, o, come gli scienziati dicono, accelerando? Come si determina questa distanza? Può sembrare semplice, ma, come vedremo, diventa complicato.

Se voi foste pensatori seri, come Galileo, e sapevate quanto tempo impiega l'auto per raggiungere i 100km/h, potreste approssimare la distanza coperta nella fase di accelerazione dividendo la porzione di tempo in piccoli segmenti uguali e moltiplicando quel piccolo segmento di tempo per la velocità media per quel segmento di tempo da 0 a 100km/h.Seguitemi, e tra un minuto utilizzeremo alcuni ausili visivi per aiutarvi a capire quello che stò dicendo.

Ad esempio, quando avete iniziato il vostro viaggio, diciamo che voi sapevate che ci sono voluti 10 secondi per raggiungere i 100km/h. Pertanto, si potrebbe supporre che nel primo secondo stavate viaggiando ad una media di 10km/h, nel secondo secondo voi stavate viaggiando a 20km/h, nel terzo secondo stavate viaggiando a 30km/h e così via. La distanza che avete percorso durante l'accelerazione è la sommatoria della distanza percorsa in ciascuno di questi 10 segmenti.

Così, facendo i calcoli, sarebbe guardare qualcosa come questo:

Distanza percorsa durante l'accelerazione = sommatoria di [v • Δt] da 0 a 100 km/h

= □Σ[10km/h • Δt] + [20 km/h • Δt] + [30 km/h Δ •t] + [t • Δ40 km/h] + [50 km/h• Δ t] + [t Δ •60 km/h] + [t Δ •70 km/h] + [t Δ •80 km/h] + [90 km/h Δ •t] + [100• Δt km/hr], dove Δt = 1 secondo.

Nota: il simbolo "Σ" rappresenta "la sommatoria di" nel linguaggio della matematica.

Questo era il tipo di approccio che Galileo ed altri, stavano usando per risolvere il problema della distanza percorsa durante l'accelerazione. E, per analizzare il loro approccio, costruiremo una tabella indicante i dati e traceremo il rapporto velocità rispetto al tempo in un grafico, come mostrato nelle figure 3A e 3B.

Nota: Al fine di moltiplicare per Δt = 1 secondo per la Tabella 1, convertiremo la velocità da km/h in metri al secondo.

Tempo trascorso (secondi)	Velocità ad Intervalli (km/hr)	Velocità ad Intervalli (metri/sec)	Distanza ad Intervalli (metri) d = velocità x Δt Dove Δt = 1 sec	Distanza Totale ad Intervalli (metri)
1 sec	10km/hr =	2.78 m/sec	2.78 meters	2.78 meters
2	20	5.56	5.56	8.34
3	30	8.34	8.34	16.7
4	40	11.1	11.1	27.8
5	50	13.9	13.9	41.7
6	60	16.7	16.7	58.4
7	70	19.4	19.4	77.8
8	80	22.2	22.2	100.0
9	90	25.0	25.0	125.0
10	100	27.8	27.8	152.8

Figura 3A-Tabella di dati calcolati per 10 secondi di accelerazione fino alla velocità di 100 km/h (27.8 meters/sec).

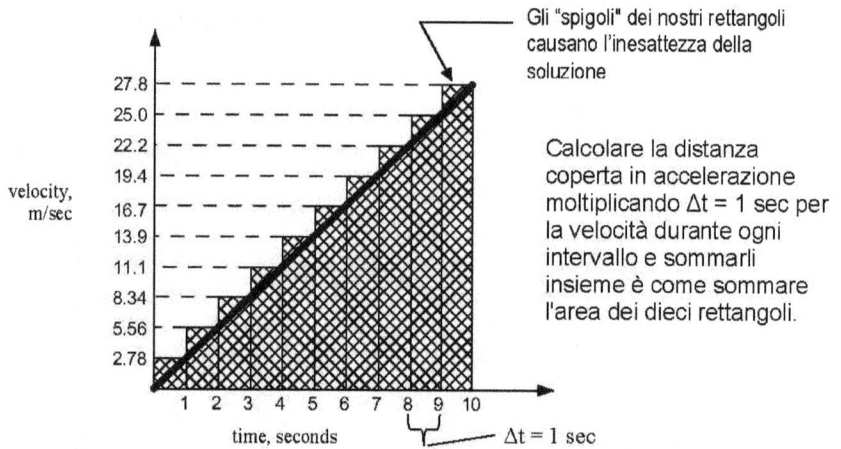

Gli "spigoli" dei nostri rettangoli causano l'inesattezza della soluzione

Calcolare la distanza coperta in accelerazione moltiplicando Δt = 1 sec per la velocità durante ogni intervallo e sommarli insieme è come sommare l'area dei dieci rettangoli.

Figura 3B - Grafico della velocità/tempo per 10 sec di accelerazione fino alla velocità di 100 km/h (27,8 metri al secondo). Nota: Potremmo usare la formula dell'area del triangolo (½ base x altezza), ma il nostro semplice esempio è destinato a illustrare l'approccio che ha portato alla scoperta del calcolo infinitesimale, che ha permesso l'analisi di curve non lineari.

Secondo questo metodo, la distanza totale percorsa dopo dieci secondi di accelerazione è 0,1528 chilometro (152,8 metri), vedere la colonna distanza totale in figura 3A.

Ma ora abbiamo un altro problema. Avete notato che la nostra risposta è una approssimazione e non una risposta precisa al problema? È un'approssimazione perché abbiamo utilizzato il valore medio della velocità che si è verificato nella prima frazione di secondo (in realtà, è il valore del punto finale destro dell'intervallo, ma vogliamo mantenere la nostra illustrazione più semplice possibile). Utilizzando una piccola intuizione, si può vedere il nostro errore graficamente dagli scalini della linea in figura 3B, i quali si sommerebbero per rendere la nostra risposta sulla distanza superiore al valore vero.

Dovrebbe essere ovvio che potremmo rendere la risposta più esatta se diminuissimo il nostro Δt della metà, o anche meno. In realtà, è vero più piccolo il Δt, maggiore sarà la precisione della nostra risposta. In definitiva, la risposta più precisa sarebbe dove Δt è infinitamente piccolo, o addirittura zero!

Ma adesso abbiamo creato due potenziali problemi. Se Δt è infinitamente piccolo, dobbiamo fare un numero infinito di aggiunte. Il che non è possibile.

E il secondo problema è ancora peggio. Se facciamo Δt = 0, il calcolo cade tutto a pezzi, perché moltiplicando qualsiasi numero per 0 il risultato sarà uguale a 0, e noi sappiamo che non abbiamo percorso 0 distanza durante i 10 secondi. Questo concetto di tempo istantaneo è stato un problema imbarazzante per decenni. Come si può avere un valore per la velocità istantanea, con un'unità di distanza divisa per un tempo, quando istantanea significa tempo = 0, mettendo un valore 0 nel denominatore, quando non si può dividere per 0? È contro le regole dell'algebra e sembra un vicolo completamente senza uscita.

Potremo mai noi ottenere una risposta esatta? Forse non è possibile.

Bene, è possibile! E, come accennato prima, ci sono voluti cento anni per capirlo. Il merito va a due uomini: Isaac Newton e Gottfried Leibniz. Hanno risolto i problemi introducendo i concetti di limite, derivata e integrali. Essenzialmente, il loro trucco funzionò perché l'uso dei limiti consentiva di annullare lo 0 nel denominatore della velocità mentre il limite si avvicinava a 0 (il trucco di dividere un limite per sé stesso per renderlo uguale ad 1, o, nel linguaggio della matematica, per annullarlo e eliminarlo).

Così avete notato che quando guardate la nostra analisi grafica, che si vede nella figura 3B, il valore della distanza è uguale all'area sotto la curva creata riportando il diagramma velocità/tempo? O, non lo è? Abbiamo detto implicitamente all'inizio quando abbiamo analizzato intuitivamente la nostra stima della distanza coperta durante l'accelerazione e abbiamo fatto riferimento al fatto che l'aggiunta dei gradini renderebbe maggiore il nostro valore di distanza.

OK, abbiamo barato un po' su questo. Non abbiamo mai avuto il diritto di supporre che l'area era equivalente alla distanza. Centinaia di anni fa, quando non si potevano solo fare questa ipotesi, si doveva dimostrarla. L'uso del termine *area* porta alla mente le unità dell'area, come metri quadri di mattonelle di pavimento — non di distanza. Cercate di mettervi nella mente delle persone, cinquecento anni fa e pensate soltanto agli scalini come ovviamente aggiunta di quantità alla risposta e non necessariamente di distanza.

I primi matematici non potevano presupporre che l'area sotto la curva eguagliasse la distanza esatta. Essi probabilmente lo sostennero fino a diventare blu in faccia. Finchè non fu inventato il calcolo, essi non potevano neanche calcolare l'area esatta sotto le curve generate dal diagramma velocità/tempo, per i motivi descritti in precedenza circa il Δt uguale a 0. Dovete capire che un sacco di questa roba non è intuitiva per tutti, ed è soggetta a livelli elevati di esame. Ad esempio, nel Seicento un contemporaneo di Newton e Leibniz, George Berkeley, vescovo di Cloyne, chiamò i limiti "fantasmi di quantità defunte" e li liquidò come una sciocchezza.

Il calcolo si rivelò vero, corretto e preciso. Sì, l'area sotto la curva *è* la distanza esatta, in valore e unità di misura , e il valore dell'integrale, un termine matematico di cui parleremo ancora più avanti, rappresenta l'area sotto la curva. Incredibile, ma vero: ci sono voluti più di cento anni di sforzo perchè questa semplice comprensione fosse confermata. Così, non sentitevi a disagio se non capite tutto questo materiale in un primo momento. Prendetevi il vostro tempo e rivedete le dispense e conducete ricerche su internet per ottenere tutte le informazioni di fondo.

C'è un'ulteriore osservazione che dobbiamo fare circa il nostro diagramma velocità-tempo /distanza. Vi prego di guardare la tabella dei dati della figura 3A e notate che, anche se la velocità aumenta linearmente con il tempo (accelerazione costante), la distanza sta aumentando esponenzialmente con tempo. Nella figura 4 viene fornita una curva che mostra il rapporto esponenziale della distanza rispetto al tempo dai nostri dati in figura 3A.

\

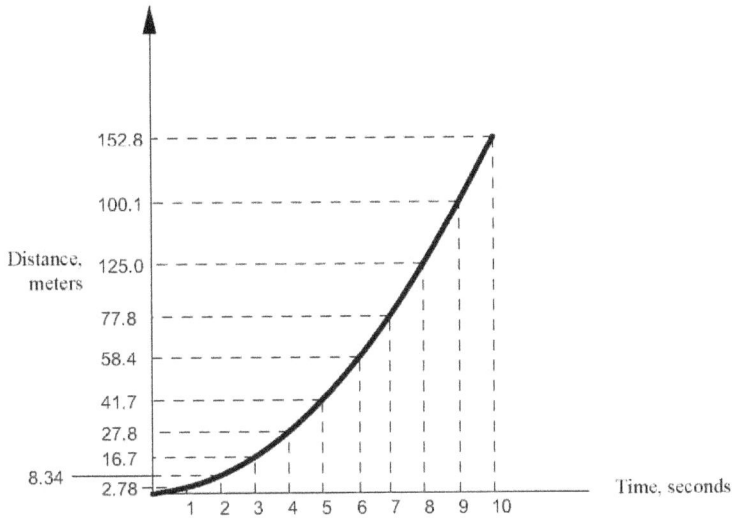

Figura 4 – Grafico della distanza/tempo per 10 sec di accelerazione fino alla velocità di 100 km/h (27,8 metri al secondo). La distanza sta aumentando in modo esponenziale, in funzione del quadrato del tempo(t^2). Il processo di calcolo è stato inventato per analizzare questo tipo di rapporto, ma sono state incontrate altre sorprese lungo il cammino, tra cui la maestosa e quasi magica "costante di integrazione".

A differenza delle relazioni lineari, le relazioni esponenziali sono molto difficili da capire intuitivamente. In genere, non si può solo snocciolare dalla testa una relazione esponenziale. Ad esempio, non è così facile come quando state comprando 2 litri di latte a 2 $ e si sà che si dovrebbe pagare un totale di $4.

Le figure 3A e 3B mostrano un aumento lineare della velocità della vettura nel periodo di tempo di 10 secondi. Questo era previsto perché abbiamo definito che la velocità aumentasse ad un tasso costante di 10 km/ora al secondo, che è equivalente a un'accelerazione costante di 2,78 m/s ^{2} (questo è determinato dividendo 10 km/ora per 1 secondo, tenendo presente che è necessario convertire i 10 km/ora in unità di metro/secondo).

La figura 3B e il grafico della figura 4 mostrano come la distanza accumulata sta aumentando di un fattore di t^2. Se hai qualche nozione base di algebra, puoi vedere che la distanza contro il grafico del tempo nella figura 4 è una curva a forma di parabola raffigurante una relazione esponenziale.

Galileo e altri osservarono questa relazione non lineare della distanza rispetto al tempo nei loro esperimenti di rotolamento di una sfera lungo una rampa e nella registrazione dei dati. Era un problema molto complesso per loro da analizzare. In una storia simile e parallela al problema dell' "area sotto la curva", non fu che fino agli strumenti matematici del calcolo infinitesimale di Leibniz e di Newton, che abbiamo avuto le formule per determinare i valori esatti per queste relazioni esponenziali.

Fortunatamente per noi oggi, non dobbiamo andare troppo a fondo in queste relazioni esponenziali più complesse. Il motivo per cui io presento queste relazioni matematiche più complesse è per fare il punto che è stata l'invenzione del calcolo infinitesimale che ci ha permesso di comprendere e quantificare, quello che stava accadendo agli oggetti che erano nello stato di accelerazione. Nel cammino di sviluppo di questi nuovi metodi matematici, inaspettate scoperte sono state fatte, tra cui la maestosa e quasi magica "costante di integrazione".

Per accelerare la nostra discussione, la figura 5 fornisce i calcoli che permettono di determinare l'esatta area sotto la curva, e, più specificamente, come questo è fatto per l'equazione della distanza, un'equazione che viene utilizzata da ogni studente di fisica primo anno. La derivazione di queste formule utilizza la forma superiore di matematica appresa nel calcolo, ma può essere fatta con la stessa fiducia, come si farebbe con l'uso di addizione, sottrazione, moltiplicazione e divisione. Per quelli di voi che hanno bisogno di un'introduzione di base, o un aggiornamento, dei concetti matematici utilizzati nella nostra derivazione, vi prego di rivedere l'Introduzione alla figura 5.

Introduzione alla figura 5 Questa tabella fornisce un riepilogo di simboli, operatori e definizioni utilizzati in matematica	
$+,-, \times, \div$	Addizione, sottrazione, moltiplicazione e divisione. Queste sono le funzioni di base che le persone utilizzano ogni giorno.
$\dfrac{x}{x} = 1$	Legge matematica. Qualsiasi numero (x) diviso per se stesso è uguale a uno.
$\dfrac{0}{x} = 0$	Legge matematica. Zero diviso per qualsiasi numero è uguale a zero
$\dfrac{x}{0}$ è indefinito	Legge matematica. Divisione per zero non è consentita, è contro le regole della matematica. Perché la velocità è la distanza divisa per il tempo, e per "velocità istantanea" si intende che il valore del tempo è zero, questo "minaccioso zero" crea un enigma con il concetto di "Velocità istantanea". La ricerca di una risposta a questo problema portò alla scoperta del calcolo infinitesimale. Ci vollero centinaia di anni di sforzi per risolvere il problema.
$\displaystyle\sum f(x)$	Il simbolo usato per esprimere la "sommatoria" di molti di calcoli di una funzione f (x). La funzione nel nostro esempio dell'accelerazione dell'auto era distanza uguale a velocità moltiplicata per tempo, d = vt. OK per approssimazione, ma non esattissimo a causa degli "spigoli".
$x \times 0 = 0$	Legge matematica. Qualsiasi numero moltiplicato per zero è uguale a zero. Questo crea un enigma nel nostro esempio di calcolare la distanza che percorre una vettura che accelera per 10 secondi, poiché usando la funzione di "sommatoria" noi non possiamo moltiplicare per zero per calcolare l'area esatta sotto una curva complessa.
$\displaystyle\int_{1}^{2} f(x)$	Il simbolo per "integrazione", un potente strumento di calcolo, simile a "sommatoria". Miracolosamente e semplicemente, calcola l'area sotto la curva di f (x). Scoperto da un trucco algebrico dove il "limite" di zero"minaccioso" è divisa per sè stesso, come x/x = 1 e si elimina. Rivela anche la miracolosa "costante di integrazione" dove sono rivelate quantità sconosciute, come vedremo in figura 5, tra cui tutta l'energia dell'universo, come mostrato nelle figure 6, 8, 9 e 10.
Forza F $= \dfrac{dmv}{dt}$	Processo di "Derivazione". Non fa parte della figura 5, ma è descritto nel volantino A, dove la "Regola del prodotto" del calcolo richiede il seguente "prossimo passo" se entrambi i termini non sono costanti: $$F = m\frac{dv}{dt} + v\frac{dm}{dt} \;, \quad or, \quad F = ma + v\frac{dm}{dt}\;,$$ dove "ma", massa x accelerazione, è la relazione matematica più famosa di tutti i tempo e dm/dt o "cambiamento di massa nell'unità di tempo", e la costante "v", sono allettanti fattori per alcuni per sfidare il concetto di "conservazione della materia" e l'equivalenza di massa – energia.

Figura 5 - Formula di distanza (distanza, velocità e accelerazione)

a, accelerazione

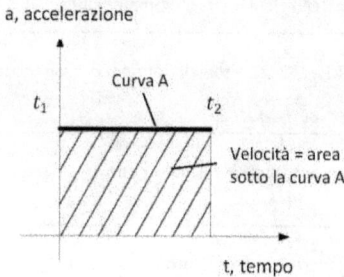

Con riferimento alla curva A (in realtà una linea in questo caso), utilizzando la moderna espressione di integrazione, possiamo scrivere:

Velocità = $\int_{t1}^{t2} a\,dt$ **= Area sotto la curva A**

Questa equazione dice: "la somma di un numero infinito di piccoli rettangoli tra il valore di t_1 e t_2 è uguale all'area sotto alla curva, che è uguale alla velocità dell'oggetto".

Il risultato di questa integrazione è:

Velocità = v = at + v_0

Dove, v = velocità dopo accelerazione, a = accelerazione, t = tempo e v_0 = velocità prima di accelerazione, che è la "costante di integrazione" che deve automaticamente essere aggiunta. Vedi Nota A.

Nota A: il processo di integrazione che richiede una costante, che automaticamente tiene conto della possibilità che l'oggetto possa essere già stato in movimento al tempo t_1. Come per magia, il processo di integrazione conosce che la velocità totale dell'oggetto è uguale alla somma delle velocità prima e dopo l'accelerazione che si è verificata tra t_1 e t_2.

v, velocità

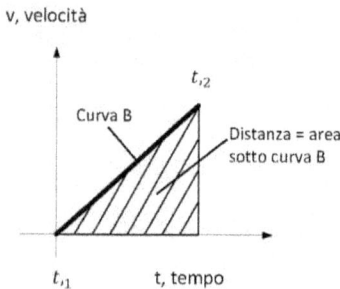

Con riferimento alla curva B, utilizzando la moderna espressione di integrazione, possiamo scrivere:

Distanza = $\int_{t1}^{t2} v\,dt$ **= Area sotto la curva**

Da sopra, abbiamo,

v = at + v_0 , sostituendo nell'equazione, abbiamo

Distanza = $\int_{t1}^{t2}(at + v_0)\,dt$

Questa equazione dice: "la somma di un numero infinito di piccoli rettangoli tra il valore di t_1 e t_2 dell'equazione $(at + v_0)$ è uguale all'area sotto la curva B, che è uguale alla distanza esatta che l'oggetto ha percorso".

Il risultato di questa integrazione è:

Distanza = d = $\frac{1}{2}at^2 + v_0t + d_0$

Dove, d = distanza finale, a = accelerazione e v_0= velocità prima dell' accelerazione e d_0 = distanza all'origine prima dell'accelerazione e v_0 verificato, che ancora una volta è la costante di integrazione che deve essere aggiunta automaticamente, vedi Nota B.

Note B: Di nuovo, come magia, richiedendo la "costante di integrazione", d_0, questo processo matematico automaticamente tiene conto della distanza dalla sua origine assoluta prima che iniziasse il movimento. Il processo di integrazione conclude che la vera distanza totale che ha l'oggetto ha percorso è la sommatoria della distanza prima della v_0, durante il tempo della velocità costante v_0t e durante il tempo di accelerazione, $\frac{1}{2}at^2$.

Quindi, utilizzando l'equazione della distanza fornita nella figura 5, possiamo trovare la risposta esatta alla domanda: Che distanza hai percorso se hai guidato per 2 ore a 100 km/h, a partire da un punto fermo, e ti ci sono voluti 10 secondi per raggiungere i 100 km/h?

Equazione della distanza: **distanza = d =** $\frac{1}{2}at^2 + v_0 t + d_0$

a = accelerazione =.278 m/s ^{2} (aumento di 10 km/ora ogni secondo più di 10 secondi)

v_0= velocità prima accelerazione = 0 (iniziato da stop)

d_0 = distanza dall'origine prima dell'accelerazione = 0 (il nostro riferimento di distanza zero è il punto di partenza al punto fermo)

d = $\frac{1}{2}(2.78)(10)^2 + (0)(10) + 0$ **= 139 metri = 0,139 chilometri durante l'accelerazione (Esatta area sotto la curva)**

Distanza totale = distanza durante accelerazione + distanza durante la velocità costante = 0,139 m + (100 km/h)(2 hrs) = 0,139 m + 200 km = **200,139 km (esattamente)**

LA MISTERIOSA "COSTANTE" DI INTEGRAZIONE

A volte quando si gioca con equazioni matematiche cose strane possono accadere accadere che sembrano sfidare ogni spiegazione. Questo varrebbe per la costante di integrazione, che sono i valori di d_0 e v_0 in figura 5. Sono sicuro che la costante di integrazione può essere descritta da qualche spiegazione complessa basata sulla regola fondamentale del calcolo che afferma, "l'integrale della derivata è la funzione di... bla, bla, bla."

Ma resta il fatto che il processo di integrazione automaticamente e magicamente, aggiunge una quantità di cui non sapremmo intuire l'esistenza. Questo è abbastanza impressionante quando si descrive la disposizione fisica di un oggetto, come con un problema di velocità e distanza. Ma è ancora più impressionante quando la costante di integrazione descrive una quantità più astratta, come ad esempio gli ordini superiori di energia, o, eventualmente, lo stato originale di tutta l'energia dell'universo, che vedremo nella nostra formulazione di una Nuova Equazione dell'Energia.

La costante v_0 viene aggiunta automaticamente quando integriamo $\int a\, dt$ perché il processo di integrazione automaticamente tiene in conto la possibilità che l'oggetto che viene accelerato potrebbe già essere in movimento. Ad esempio, diciamo che noi stiamo navigando sul ponte di una portaerei che viaggia a 10 km/h (2.78 m/s) e lanciamo una palla in avanti con un'accelerazione di 5 m/s ^{2} per 1 secondo. La velocità della palla a causa del lancio di 5 m/s, che è l'accelerazione moltiplicata per il valore di tempo (a·t). Ma l'integrazione aggiunge automaticamente la v_0(2.78 m/s), velocità a cui noi stiamo già viaggiando con la stessa velocità della portaerei. Pertanto, la vera velocità della palla relativa all'oceano, è di 5 m/s + 2.78 m/s = 7,78 m/s (28 km/h).

La costante d_0 è ancora più impressionante. Viene aggiunta automaticamente quando integriamo $\int at + v_0$ perché il processo di integrazione presuppone non solo automaticamente che ci stavamo muovendo quando l'accelerazione è iniziata, ma presuppone inoltre che non siamo rimasti nella nostra posizione originale. Per esempio, diciamo che quando abbiamo lanciato la palla mentre eravamo sul ponte della portaerei, eravamo 10 chilometri (10.000 metri) lontano da casa, che era la nostra origine. Pertanto, dopo tale periodo di 1 secondo di accelerazione, la nostra nuova posizione è come segue:

$$d = \tfrac{1}{2}at^2 + v_0t + d_0 = \tfrac{1}{2}(5)(1)^2 + (2.78)(1) + 10{,}000$$

= 10.005,28 metri (10,00528 chilometri) dall'origine, esattamente.

Ancora una volta, questo può non sembrare impressionante per un problema di distanza, ma, come vedremo nella nostra derivazione dalla Nuova Equazione dell'Energia, quando la costante di integrazione descrive quantità più astratte che coinvolgono gli ordini superiori di energia e eventualmente lo stato originale di tutta l'energia dell'universo, essa può fornire rivelazioni sorprendenti.

INERZIA/QUANTITÀ DI MOTO

Nel nostro ultimo passo per derivare la nostra nuova equazione dell'energia, utilizzeremo la nostra conoscenza dell'"area sotto la curva" dall'equazione della distanza e la applicheremo alla scoperta di Newton di una quantità chiamata *Quantità di Moto*.

Ai tempi di Newton, c'erano tante discussioni sull'inerzia, ma il concetto non era mai andato molto lontano.

Oggigiorno, l'inerzia è un concetto senza unità. Usiamo un termine chiamato "momento d'inerzia", con le unità di kg-meter², ma questo descrive il rapporto geometrico di massa intorno a un punto, non una forma di energia. Discuteremo ulteriormente sul significato del momento di inerzia più avanti.

Invece di utilizzare l'inerzia, Newton usò la Quantità di Moto per descrivere l' "energia" di una massa in movimento e la definì semplicemente come la massa moltiplicata per la velocità:

Quantità di Moto (o M) = massa x Velocità

Questo può sembrare abbastanza semplice. Ma ricordate, per ottenere la quantità di Moto, Newton dovette innanzitutto definire la massa. Lo fece quando scoprì la relazione tra massa, gravità e peso (forza). Questo fece parte della sua seconda legge di *Principia*, che fu senza dubbio la più grande scoperta nella storia della scienza. (La prima legge di Principia descriveva come un corpo in movimento rimane in movimento a meno non subisca l'azione di una forza esterna; e la sua terza legge descriveva come per ogni azione c'è una reazione uguale e opposta.

La relazione matematica dalla seconda legge (il cambiamento di quantità di moto, rispetto al tempo, è uguale alla forza), è quello che vi mostriamo nel volantino, mostrando come può essere utilizzata per formulare E = mc² con il processo matematico di "derivazione".

Così, ora sappiamo da dove viene la parola " Quantità di Moto ", e che cosa significa.

Ora ci accingiamo a utilizzare lo stesso processo che abbiamo usato per derivare le nostre formule di distanza nella figura 5 per calcolare l'area sotto la curva per il diagramma Quantità di Moto/velocità. E indovinate cosa? L'area sotto il diagramma Quantità di Moto/velocità è uguale all'Energia. Ora stiamo andando a collocarcisulle spalle dei giganti e prendere in prestito il processo matematico di "integrazione" per formulare una Nuova Equazione dell' Energia.

Figura 6-La nuova equazione dell'energia-Derivata dalla procedura esatta della figura 5.

m, massa

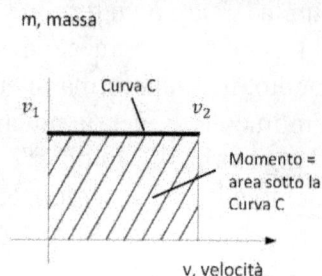

Con riferimento alla curva C (in realtà una linea in questo caso), utilizzando l'espressione moderna per l'integrazione, possiamo scrivere:

Momento = $\int_{v1}^{v2} m\,dv$ = Area sotto la curva C

Questa equazione dice: "la somma di un numero infinito di piccoli rettangoli tra il valore di t_1 e t_2 è uguale all'area sotto la curva, che è uguale alla quantità di momento dell'oggetto".

Il risultato di questa integrazione è:

Momento = $M = mv + M_0$

Dove, m = massa, v = velocità e M_0= momento prima che il momento degli oggetti fosse variato, che è la costante di integrazione che deve essere aggiunta automaticamente, vedi nota C.

Nota C: il processo di integrazione richiede di aggiungere una costante, M_0, che automaticamente tenga conto della possibilità che la massa può essere già stata in movimento prima della velocità v_1. Come per magia, il processo di integrazione conosce che la quantità di momento totale della massa è uguale alla somma della quantità di momento prima e dopo il cambiamento della velocità tra v_1 e v_2.

M, momento

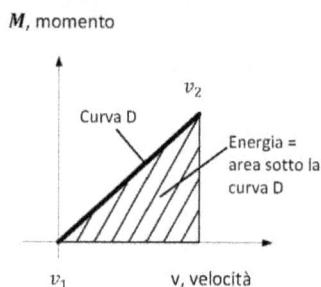

Con riferimento alla curva D, usando la moderna espressione di integrazione, possiamo scrivere:

Energia = $\int_{v1}^{v2} M\,dv$ = Area sotto la curva D

Da sopra, abbiamo,

$$M = mv + M_0, \text{ e sostituendo,}$$

Energia = $\int_{v1}^{v2}(mv + M_0)\,dv$

Questa equazione dice: "la somma di un numero infinito di piccoli rettangoli tra il valore di v_1 e v_2 dell'equazione $(mv + M_0)$ è uguale all'area sotto la curva D, che è uguale all'esatta energia della massa".

Il risultato di questa integrazione:

Energia Traslazionale Totale = $E_t = \frac{1}{2}mv^2 + M_0v + e_0$

Dove, E_t= energia traslazionale totale della massa che segue una "linea o curva", m = massa e v = velocità traslazionale presente di massa, M_0= quantità di momento della massa prima dell'incremento di velocità e, e_0 = costante di integrazione aggiunta, energia di massa all'origine. Vedi Nota D.

Nota D: ancora una volta, come per magia, la "costante di integrazione" automaticamente tiene conto dell'origine assoluta dell'energia, e_0, prima dell'effetto dell'incremento di velocità. Alla luce della scoperta della Griglia Spirografica, questa nuova equazione dell'energia ha profonde implicazioni per la nostra comprensione della massa e dell'energia nella Spiroverse. Un'ulteriore analisi dimostra che questa nuova equazione per l'Energia Traslazionale Totale, E_t, è la sommatoria dell'Energia Cinetica Traslazionale, dell'Energia Traslazionale Trasformica ed Energia potenziale. Vedi figura 9 e l'Appendice.

ENERGIA TRASLAZIONALE E PARTI DI ENERGIA ROTAZIONALE DELLA NUOVA EQUAZIONE DELL'ENERGIA

Ricordate nella nostra precedente discussione sul movimento, che il movimento "dinamico" include velocità traslazionale e rotazionale? Nel nostro esame dell'energia associata con il movimento, dobbiamo tenere in considerazione entrambe le forme di movimento. In ogni inizio di lezione fisica apprendiamo che l'energia associata alla velocità viene chiamata energia cinetica. Inoltre, impariamo un'altra forma di energia chiamata energia "potenziale".

Un esperimento comune usato in quasi ogni scuola o laboratorio universitario di fisica c'è la dimostrazione del rapporto tra energia cinetica ed energia potenziale. Questo esperimento è descritto nell figure 7A e 7B e utilizza due procedure separate.

Nella prima procedura, figura 7A, noi lasciamo cadere una sfera da un'altezza di 1 metro e determinamo la velocità della sfera quando essa colpisce il suolo. La sfera che cade ha solo velocità traslazionale e nessuna energia rotazionale. La velocità traslazionale della sfera può essere considerata la velocità di un singolo "punto massa" situato al centro della massa (che si trova al centro esatto di una sfera).

Nella seconda procedura, figura 7B, abbiamo fatto rotolare la sfera stessa giù per una rampa dalla stessa altezza di 1 metro, utilizzando parte della velocità della sfera per produrre la velocità rotazionale, o angolare,. La velocità e l'energia della sfera nella parte inferiore della rampa è in parte la velocità traslazionale del punto massa e in parte la velocità di rotazione, o angolare, della sfera che stà rotolando.

Messia D'Azienda

Figura 7 - l'energia cinetica da esperimenti di energia potenziale A e B

<u>Esperimenti 7A</u> – Lasciar cadere una sfera per determinare l'energia cinetica del moto traslazionale (lineare)

Data: Una sfera di acciaio di 10Kg sospesa ad un cavo è a riposo ad un'altezza di 1 metro dal suolo, vedi figura 7A.

Domanda: Se la sfera viene fatta cadere, quale sarà la velocità della sfera quando colpirà il suolo?

Soluzione:

A 1 metro dal suolo e a riposo, la sfera ha la massima energia potenziale ed energia cinetica nulla,

$$E_{potential} = m\,g\,h \qquad E_{kinetic} = \frac{1}{2}m\,v^2 = 0 \qquad \text{where m = mass, g= gravity (9.8m/s}^2\text{), h}$$
$$\text{= height, v = velocity}$$

Quando la sfera cadendo ha raggiunto il suolo, tutta l'energia potenziale è stata convertita in energia cinetica, quindi,

$$E_{potential} = m\,g\,h = E_{kinetic}$$

$$E_{kinetic} = \frac{1}{2}m\,v^2 = m\,g\,h \quad \text{- per la risposta alla domanda, risolvere questa equazione per v, velocità}$$

$$\frac{1}{2}\cancel{m}\,v^2 = \cancel{m}\text{g}\,h$$

$$v^2 = 2gh$$

$$v = \sqrt{2gh} = \sqrt{2\,(9.8)(1)} = \underline{4.427 \text{ meters/sec}}$$

Poiché il valore della massa è su ogni lato, dividendo ogni lato per m, si semplifica. Questo significa che la velocità di qualsiasi oggetto che viene fatto cadere da una determinata altezza sarà lo stesso, non importa quanto pesante sia l'oggetto. Ad esempio, trascurando la resistenza al vento, una piuma scenderà alla stessa velocità come la sfera di 10

Quando la sfera è tenuta ad altezza = h, ha un'energia potenziale mgh, e zero energia cinetica.

Quando la sfera è rilasciata accelera al tasso di gravità (9,8 m/s²). L'accelerazione non dipende dal peso o dalle dimensioni dell'oggetto (trascurando la resistenza al vento).

Dopo 1 metro di caduta libera, $v = 4.427\ m/s$

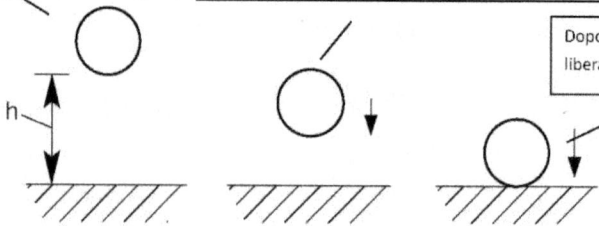

Figura 7A – Esempio di una massa che cade con velocità (lineare) solo traslazionale. Prove empiriche e ogni esperimento di tutti I giorni fatto in aula, dimostra la validità di queste equazioni matematiche di energia e le leggi di conservazione dell'energia.

Esperimento 7B – Rotolare la stessa sfera giù per la rampa per determinare l'energia traslazionale e rotazionale

Domanda: la stessa sfera vuota di acciaio da 10 chilogrammi come nell'esperimento 7A, è rotolata giù per una rampa che è alta 1 metro ed ha un angolo di 45 gradi, vedi figura 7B.

Domanda: La sfera inizia a velocità nulla nella parte superiore della rampa, qual è la velocità della sfera, quando raggiunge il fondo?

Soluzione:

L'energia potenziale nella parte superiore della rampa è la stessa come nell' esperimento 7A, ma in questo caso, quando la sfera raggiunge il fondo della rampa possederà una combinazione di energia cinetica traslazionale (o lineare) ($\frac{1}{2}mv^2$) e di energia cinetica rotazionale ($\frac{1}{2}Iw^2$) . Quindi,

$$E_{potential} = mgh \qquad E_{kinetic} = \frac{1}{2}mv_t^2 + \frac{1}{2}Iw^2$$

where I = moment of inertia
and, w = angular velocity (like RPM)

Quando la sfera raggiunge il fondo, tutta l'energia potenziale è stata convertita in energia cinetica. incluso l'energia cinetica di velocità traslazionale e rotazionale. Per evitare complicazioni nel calcolare I e w per la sfera cava, daremo l' informazione che l'energia cinetica di rotazione è il 5% del totale di energia cinetica, quindi,

$$E_{potential} = mgh = (10)(9.8)(1) = 98 \text{ joules}$$

5% of 98 joules for $E_{rotational}$ is 4.9 joules , therefore, 98 − 4.9 = 93.1 joules is for $E_{translation}$

$$E_{translation} = \frac{1}{2}m\, v_t^2 = 93.1 \text{ joules} , \text{ risolvendo per v, velocità di traslazione,}$$

$$v_t^2 = 93.1 \, (2)/10$$

$$v_t = \sqrt{18.62} \quad = \underline{4.315 \text{ meters/sec.}}$$

> Si può vedere che la velocità traslazionale (lineare) è un pò minore di quella nell' esperimento A, tuttavia, tutta l'energia è rappresentata dall' aggiunta dell'energia rotazionale, soddisfacendo così alla legge di conservazione dell'energia.

> La sfera ha un'energia potenziale mgh, che verrà convertita in energia cinetica nella parte bassa della rampa.

> Quando la sfera và oltre il bordo ci vorrà più tempo per raggiungere il fondo che nell' Esperimento A, perché la distanza da percorrere è più lunga, la component della forza di gravità è angolata e parte dell'energia viene trasferita alla velocità di rotazione, w. Indipendentemente da ciò, omettendo la resistenza di attrito e di vento, l'energia di mgh deve essere conservato e convertito al 100% di energia cinetica quando la sfera raggiunge il fondo della rampa.

> Dopo 1 metro di h, v_t = 4.315 m/s. Per semplificazione, non rilevato il valore di w

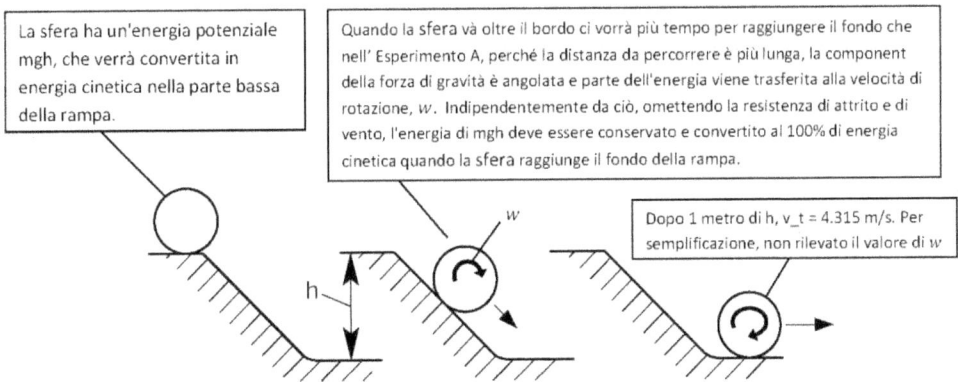

Figure 7B – Esempio di una massa che cade con velocità traslazionale e rotazionale. Lo scopo di questo esercizio è mostrare che nel nostro calcolo dell'equazione dell'energia universale dobbiamo tener conto della componente di energia rotazionale,in aggiunta all'energia traslazionale, per quanto riguarda lo Spiroverse.

Queste equazioni possono essere facilmente verificate in un laboratorio. Ancora una volta, è un esercizio comune in una lezione di fisica di base condurre questo esperimento e verificare i risultati calcolati con i risultati misurati. I risultati dell'esperimento dimostrano che queste equazioni sono vere e assolute.

Possiamo osservare molto dai nostri due esempi nelle figure 7A e 7B. Dovrebbe impressionarvi che sappiamo molto sul cosa l'energia è e cosa fà a livello macroscopico. I principi matematici riportati quì sono ciò che ci permette di mettere i satelliti in orbita, inviare razzi sulla luna e molto molto di più.

I due esempi in figura 7 sono stati dati per mostrare che, perché la nostra equazione di energia derivata nella Fig.6 sia completa, abbiamo bisogno di tenere conto dell'energia associata alla velocità angolare, o rotazione, della massa dell'universo. Chiaramente, il moto dell'universo non è esclusivamente traslazionale o lineare. Per la natura propria della Spirogrid, tutto nell'universo ha una componente di velocità rotazionale. Gli effetti di questa velocità rotazionale, o rotazione, possono avere effetti profondi sull'energia connessa con la materia e più specificamente con il tasso delle reazioni chimiche, come descritto nell'Apendice FNU Wikappendix in lavorazione.

IL VERO SIGNIFICATO DI "MOMENTO DI INERZIA"

Prima di mostrare come teniamo conto dell'energia associata con una velocità di rotazione o angolare, di tutta la materia nell'universo, è necessario capire che cosa significa veramente il momento di inerzia, I.

Come accennato prima, nel mondo dell'ingegneria meccanica di oggi, compreso lo studio della statica e dinamica, il termine *inerzia* non ha un significato suo proprio. Il termine corretto per descrivere l'energia di una massa in movimento è *quantità di moto* o *energia cinetica*. Tuttavia, ogni oggetto o massa ha un *momento di inerzia*.

Il momento d'inerzia, I, è una quantità importante e ben nota. Il momento d'inerzia, con le unità di massa moltiplcata la distanza al quadrato (kg-metri^2), è un valore che quantifica come la massa di un oggetto è distribuita intorno a un asse specifico (sia che l'oggetto è in rotazione o no). Solitamente, per determinare il valore di I per un oggetto, un ingegnere si riferisce a un elenco standardizzato, o tabella, delle equazioni che include tutte le forme comuni, come sfere, cilindri, dischi, cerchi, bacchette, travi, ecc. Queste equazioni sono state derivate nel corso dei secoli, fin dall'inizio della rivoluzione industriale.

Nella sua forma più elementare, l'equazione per il momento d'inerzia di una messa a punto a distanza, r, dall'asse di rotazione è esattamente:

$$I = moment\ of\ Inertia\ (point\ mass) = mr^2$$

dove m = punto di massa m (kg) e r = distanza dall'asse di rotazione (metri).

Per una sfera solida, come una sfera d'acciaio, il momento d'inerzia è esattamente

$$I = moment\ of\ Inertia\ (solid\ sphere\ shape) = \frac{2mr^2}{5}$$

dove m = massa (kg) della sfera e r = raggio (metri) della sfera. Facile.

Il classico esempio dell'effetto del momento di inerzia è una pattinatrice su ghiaccio che stende le braccia in fuori mentre rotea su sé stessa per generare un movimento di accelerazione angolare e poi ritira le braccia, vicino al suo centro, o anche in alto sopra la sua testa, per portare tutta la sua massa più vicino possibile all'asse di rotazione. Ritirando le braccia in dentro abbassa il valore del momento d'inerzia, facendo aumentare la sua velocità rotazionale, in accordo con la legge di conservazione dell'energia.

Dimostriamo in figura 8, che viene adesso, che l'equazione che definisce la sua energia rotazionale è molto simile a quella che abbiamo determinato nella figura 6 per l'energia traslazionale ed è esattamente:

$$E = Rotational\ Energy = \frac{1}{2}Iw^2$$

dove E = energia (Joule), I = momento di inerzia (kg/m ^{2}) e ω = velocità angolare (radianti al secondo, simile a RPM, giri al minuto).

Nell'esempio della pattinatrice, le braccia sono fuori all'inizio del suo giro su sé stessa (I_1), e lei sta ruotando ad una velocità angolare w_1. Alla fine del giro su sé stessa, le braccia sono in dentro (I_2), e lei sta ruotando ad una velocità angolare w_2.

Tuttavia, a causa della conservazione dell'energia, durante entrambe le circostanze essa ha la stessa energia rotazionale (E). Si noti, in questo esempio, che noi stiamo omettendo il lavoro necessario per portare in dentro le braccia.

Illustriamo questo matematicamente come $E_1 = E_2$, e, usando l'equazione per l'energia rotazionale (E) sopra descritta, abbiamo:

$$E_1 = E_2$$

$\frac{1}{2} I_1 w_1^2 = \frac{1}{2} I_2 w_2^2$, solving for the value of w_2 , we get

$$w_2 = w_1 \sqrt{I_1 / I_2}$$

Sostituendo i valori per un punto massa per ciascuno dei valori di I, dove $I_1 = mr_1^2$ and $I_2 = mr_2^2$, noi abbiamo:

$$w_2 = w_1 \sqrt{mr_1^2 / mr_2^2} = w_1 \cdot \frac{r_1}{r_2}.$$

Si noti che la massa si annulla semplificandosi!

Il fatto che la massa si annulla ci dice che questa è una caratteristica intrinseca del sistema rotante, indipendente dalle forze di massa o gravitazionali. Il cambiamento di energia rotazionale è esclusivamente una funzione della geometria della massa, che si applica a tutte le masse di tutte le dimensioni, compresa la struttura atomica della materia stessa. Per favore notate che questa equazione si applica specificamente a un punto massa, ma forse con qualche eccezione, indipendentemente da quale forma geometrica viene usata, la componente massa del valore di I si annullerà, e solo il rapporto tra i valori di r cambierà (Nella sezione Appendice che descrive le principali implicazioni di questo rapporto, comprese le eccezioni relative ai cambiamenti di stato, fotosintesi, e come le variazioni della costante di gravitazione, G, non ha effetto sull'energia intrinseca o componente trasformic dell'energia della materia).

Detto semplicemente, l'equazione ci mostra che quando si abbassa il valore di r_2 (tirare braccia in dentro), si accelera (aumenta il valore di w_2). Viceversa, anche, quando si aumenta il valore di r_2 (le braccia portate in fuori), si rallenta (diminuzione del valore di w_2). E questo è esattamente ciò che accade per la pattinatrice che rotea sul ghiaccio.

Comprendere l'effetto di un momento di inerzia che cambia, ΔI, è importante per il nostro sforzo di imbrigliare l'energia della Spirogrid. Ma, prima di passare a questo, dobbiamo fare ordine nella nostra scienza. La figura 8 mostra come deriviamo la componente rotazionale dell'energia per la nostra nuova equazione dell'energia, e nella figura 9 vi è un riepilogo che associa entrambe le componenti rotazionali e traslazionali dell'energia nella Nuova Equazione dell'Energia.

Figura 8 - La nuova equazione dell'energia per masse con momento d'inerzia angolare

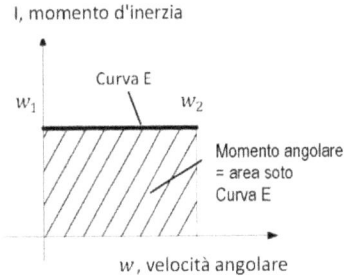

I, momento d'inerzia

Curva E

w_1 w_2

Momento angolare
= area soto
Curva E

w, velocità angolare

Con riferimento alla curva E (in realtà una linea in questo caso), utilizzando l'espressione moderna per l'integrazione, possiamo scrivere:

$$\text{Momento Angolare} = \int_{w1}^{w2} I \, dw = \text{Area Sotto la Curva E}$$

Questa equazione dice: "la somma di un numero infinito di piccoli rettangoli tra il valore di w_1 e w_2 è uguale all'area sotto la curva, che è uguale al momento angolare dell'oggetto".

Il risultato di questa integrazione è:

$$\text{Momento Angolare} = M_I = Iw + M_{Io}$$

Dove, I = momento d'inerzia di massa (funzione della massa e della geometria, unità di kg-meter²), w = velocità angolare (unità di radianti al secondo) e M_{Io} = momento angolare prima che gli oggetti variassero la quantità di momento angolare, che è la costante di integrazione che deve essere aggiunta

Nota E: come negli esempi precedenti, tenendo conto di M_{Io} per la possibilità che l'oggetto può avere già un moto di rotazione prima del cambiamento in w_1.

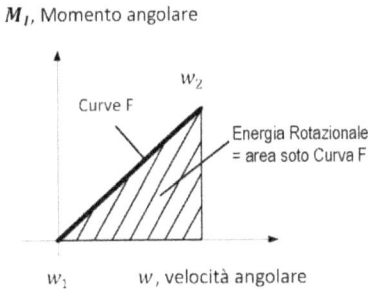

M_I, Momento angolare

Curve F

w_2

Energia Rotazionale
= area soto Curva F

w_1 w, velocità angolare

Con riferimento alla curva F, utilizzando la moderna espressione di integrazione, possiamo scrivere:

$$\text{Energia} = \int_{w1}^{w2} M_I \, dw = \text{Area Sotto la Curva F}$$

Da sopra, abbiamo,

$$M_I = Iw + M_{Io}, \text{, ed effettuando una sostituzione}$$

$$\text{Energia} = \int_{w1}^{w2} (Iw + M_{Io}) \, dw$$

Questa equazione dice: "la somma di un numero infinito di piccoli rettangoli tra il valore di w_1 e w_2 dell'equazione $(Iw + M_{Io})$ è uguale all'area sotto la curva F, che è uguale all'esatta energia rotazionale della massa".

Il risultato di questa integrazione è:

$$\text{Energia Rotzionale Totale} = E_I = \frac{1}{2}Iw^2 + M_{Io}w + e_{Io}$$

Dove, I = momento d'inerzia della massa (funzione della massa e della geometria, unità di kg-meter²) e w = massa con la presente velocità angolare e M_{Io} = quantità di momento angolare della massa prima di aggiungere la velocità angolare, e_{Io} = aggiunta costante di integrazione, l'energia rotazionale della massa all'origine. Vedi Nota F.

Nota F: e_0 è l'origine assoluta dell'energia rotazionale, prima degli effetti dell'aggiunta di velocità angolare. Vedi figure 9 e 10 e A

Figura 9 – Sommatoria di tutta l'energia dell'universo – con commenti

Le due equazioni, che comprendono l'Energia Totale Traslazionale, E_t, dalla figura 6 e l'Energia totale Rotazionale, E_I,, dalla figura 8, possono essere congiunte insieme, simile all'esempio fornito nella figura 7, per ottenere un'equazione che potrebbe rappresentare l'energia totale che esiste nello Spiroverse (universo), come segue:

Energia totale nello Spiroverse = $E_{Total} = E_t + E_I = [\frac{1}{2}mv^2 + M_{to}v + e_{to}] + [\frac{1}{2}Iw^2 + M_{Io}w + e_{Io}]$

Organizzando questi in 3 tre categorie fondamentali di energia, abbiamo:

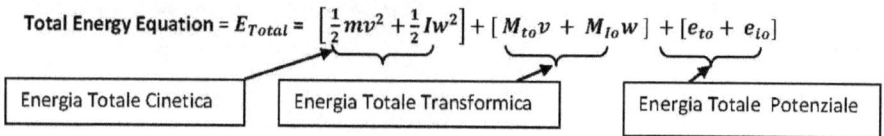

Total Energy Equation = $E_{Total} = \left[\frac{1}{2}mv^2 + \frac{1}{2}Iw^2\right] + [M_{to}v + M_{Io}w] + [e_{to} + e_{io}]$

| Energia Totale Cinetica | Energia Totale Transformica | Energia Totale Potenziale |

Dove, m = massa , v = velocità traslazionale, I = momento d'inerzia della massa, w = velocità ngolare, e,

M_{to}= Momento Traslazionale, o lineare, della massa dovuto al moto spirografico.

M_{Io}= Momento Angolare, o Rotazionale, della massa dovuto al moto spirografico.

e,

e_{to} = Energia Potenziale (traslazionale), fonte sconosciuta (energia, lavoro, potenza, mgh, pressione x volume)

e_{io} = Energia Potenziale (rotazionale), fonte sconosciuta (energia, lavoro, potenza, mgh, pressione x volume)

Dove è possibile che "E = mc²" possa sussistere?

M_{to} e M_{Io}sono entrambi momenti della massa a causa del movimento, o velocità, del moto spirogridico. Ricordate, questi valori sono stati aggiunti alle regole di integrazione e tengono correttamente conto della quantità di momento della massa attraverso lo spazio prima che accelerazioni macro siano state impressealla massa, vedi figure 5, 6 e 7.

Prendendo la quantità M_{to}, momento traslazionale della massa, facciamo la seguente equazione:

M_{to} = **momento traslazionale della massa = (mass) x (velocità della Spirogrid)** = $m\, v_{grid}$

Se sostituiamo questo valore nella porzione velocità traslazionale della parte di energia transformica dell' "Equazione energia totale", $M_{to}v$, otteniamo la seguente:

$$E_{transformic\ translational\ only} = m\, v_{grid}\, v_{translational\ velocity}$$

Pertanto, se la velocità del moto del modello spirogridic è uguale alla velocità della luce ($v_{grid} = c$), e la massa si muoveva, spostandosi attraverso lo spazio, alla velocità della luce ($v_{translational\ veleocity}$ = c), quindi:

$$E_{solo\ velocità\ trasformica\ traslazionale} = mc^2$$

Questo può sembrare brillante, ma ci sono un certo numero di problemi con l'opinione popolare riguardo questa equazione. L'energia della massa non è intrinseca, come la maggior parte sono portati a credere, ma è associata con l'energia cinetica del momento della massa. Se una tale velocità traslazionale fosse possibile, l'espressione E = mc² sarebbe solo una parte dell'energia totale della massa. Che prove abbiamo che v_{grid} = c, sia forse più grande? Sorgono molte domande, comprese domande su eventuali limitazioni al valore della velocità traslazionale e la vera relazione tra il movimento corporeo e traslazionale.

La scoperta del moto spirografico dell'universo è ciò che ci permette di derivare e dare un senso alla Nuova Equazione dell'Energia Totale, illustrata nella figura 9. La comprensione della Spirogrid ci guida nel nostro trattamento delle altrimenti sconosciute e ambigue variabili e costanti. Ora potete capire perché questa conoscenza della Spirogrid è indicata come la "Natura Fondamentale dell'Universo".

Ad esempio, se leggete il volantino A, che fornisce informazioni sulla derivazione dell'equazione dell'energia di Einstein, vedrete come vi è ambiguità per quanto riguarda il posizionamento delle variabili e l'uso della velocità della luce nel vuoto.

La costante associata con la completa Nuova Equazione dell'Energia Totale, $v_{griglia}$, è associata con l'energia cinetica causata dal moto spirografico dell'universo. Questo è molto più facile da associare all'energia, rispetto a "c" la velocità della luce nel vuoto.

C'è stata troppa cieca accettazione di usare la velocità della luce nel vuoto in un'equazione di energia universale. Qual è il collegamento di nuovo? Non l'ho mai veramente capito. Può esistere davvero un vuoto vero? L'attuale comprensione della fisica delle particelle, tra cui i neutrini e il semplice esperimento della camera nube ci mostrano che ci sono particelle che volano costantemente in linea diritta attraverso di noi. Come può esistere un vero vuoto se le particelle volano sempre attraverso tutto ciò? Che succede alla permeabilità dell'idrogeno? Come potrebbe mai esserci un vero vuoto se ogni materiale è permeabile all'idrogeno? Non si diffonderebbero gli atomi di idrogeno nel vuoto proprio come molecole di acqua attraverso una membrana semipermeabile di un filtro a osmosi inversa? Il fatto della questione è, non c'è alcuna base alla pretesa della velocità della luce in un vuoto, semplicemente perché è non è mai stato confermato sperimentalmente.

Nella nostra derivazione della completa Nuova Equazione dell'Energia, consideriamo costante la massa connessa con l'energia della materia. Questo è in accordo con l'osservazione della legge della conservazione della materia. Tuttavia, aggiungiamo una nuova variabile all'equazione dell' energia, vale a dire *I*, il momento d'inerzia, di cui sappiamo che cambia durante le reazioni chimiche. Lo sappiamo perché le reazioni chimiche si traducono in un cambiamento nella densità dei reagenti rispetto ai prodotti della reazione.

L'associazione del momento di inerzia alla porzione di energia transformic appena definita della Nuova Equazione dell'Energia Totale è probabilmente la svolta più significativa connessa con la scoperta della Spirogrid. Questo rapporto è descritto in Figura 10 e coinvolge l'energia termica (temperatura), cambiamenti nella densità (ρ) e l'energia associata a reazioni chimiche.

Questa scoperta dell'energia transformic, Signore e Signori, è dove stiamo andando per fare soldi.

Figura 10 – Energia Transformica con la "I" – modifica con commenti

Dalla figura 9 vi mostriamo la nuova equazione dell'energia totale come:

Equazione Energia Totale = $E_{Total} = \left[\frac{1}{2}mv^2 + \frac{1}{2}Iw^2\right] + [M_{to}v + M_{Io}w] + [e_{to} + e_{io}]$

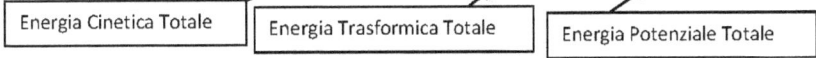

| Energia Cinetica Totale | Energia Trasformica Totale | Energia Potenziale Totale |

Dove, m = massa , v = velocità traslazionale, I = momento d'inerzia, w = velocità angolare ("rpm"), e

M_{to} = Momento traslazionale dovuto al moto spirografico = mv_{grid} (vedi Fig. 9)

M_{Io} = Momento rotazionale dovuto al moto spirografico = $I_{Io}w_{Io}$ (vedi sotto), e

e_{to} = Energia potenziale traslazionale, fonte ignota,(energia,lavoro, potenza,mgh, pressione x volume)

e_{io} = Energia potenziale rotazionale, fonte ignota,(energia,lavoro, potenza,mgh, pressione x volume)

Energia trasformica, $M_{Io}w$ - effetto della modifica di I_{Io}- la vera "intrinseca" energia di Massa

M_{to} e M_{Io} entrambi imomenti della massa a causa del movimento, o velocità, del moto spirogridic. Nella figura 9 si è mostrato come E = mc² potrebbe essere derivato dallo slancio traslazionale, M_{to}, di energia trasformica (anche se senza senso). Un'espressione più significativa per l'energia intrinseca di massa può essere derivata dalla componente della quantità di momento angolare intrinseca, M_{Io}, di energia transformica.

Prendendo la quantità M_{Io}, consideriamo la seguente equazione per il valore del momento angolare:

M_{Io} = momento (angolare) di massa = $I_{Io}w_{Io}$

Dove I_{Io} = momento d'inerzia gridico della massa, and, w_{Io} = velocità gridica angolare della massa

Se sostituiamo questi valori nella porzione velocità rotazionale della parte di energia transformica di "Equazione Energia Totale", $M_{Io}w$, otteniamo la seguente:

$E_{sola\ transformica\ rotazionale} = I_{Io}w_{Io}\ w$

Se applichiamo questa equazione alla struttura atomica, abbiamo un' enorme intuizioni nella intrinseca energia chimica e termica della massa. Potremmo fare un passo avanti e suggerire che questa equazione rappresenta l'energia intrinseca della materia.

È importante notare che ciascuno dei fattori in questa equazione sono variabili. Ad esempio,l'energia termica, l'energia che rende un oggetto caldo o freddo, è relativa al valore della velocità rotazionale all'interno della struttura atomica della massa, w_{Io}, che cambia con la temperatura.

Più interessante è l'effetto di un cambiamento nel valore di I_{Io}. Ad esempio, se usiamo il valore del momento d'inerzia di un punto di massa ad una distanza r dall'asse o rotazione, = mr^2 e lo inseriamo nella nostra equazione, otteniamo la seguente:

$E_{sola\ transformica\ rotazionale} = I_{Io}w_{Io}\ w = [mr^2]w_{Io}\ w$

Possiamo vedere come questa equazione potrebbe essere applicata tenendo conto del fatto che le reazioni chimiche, quali la combustione di idrocarburi, causano un cambiamento nella "struttura" della materia, tra cui I_{Io} e densità (Δρ), tra i reagenti e i prodotti della reazione chimica. Questa equazione diciamo che un cambiamento in I_{Io}, si traduce in un cambiamento di energia. Inoltre, una reazione chimica, che causa una diminuzione della I_{Io} ("r" più breve e w_{Io} superiore) è esotermica, e una che causa un aumento in I_{Io} (aumento "r" e w_lo inferiore) è endotermica. Pertanto, in considerazione di questa scoperta, è evidente che le reazioni nucleari, chimiche e termiche sono definite dall'equazione per l'energia transformica.

Come accennato prima, attaccato alla fine del volantino vi è un'Appendice. Si chiama "La natura fondamentale dell'universo (FNU) Wikappendix in lavorazione." Sono fornite spiegazioni per alcune delle domande qui sollevate, compresa una descrizione di come il mezzo dello spazio non è un vero vuoto ma è in realtà idrogeno biatomico a pressione estremamente bassa (un vuoto è un concetto relativo) e come la luce è solo un'onda e non non c'è nessuna dualità fotone o onda - particella.

Un lavoro supplementare sarà fatto per determinare gli effetti della dinamica rispetto al movimento corporeo nelle equazioni FNU dell'energia e lavoro supplementare sarà fatto per determinare il vero significato delle componenti dell'energia transformic e potenziale della completa Nuova Equazione dell'Energia Totale. Ulteriori descrizioni e discussioni fanno parte dell'Appendice FNU Wikappendix in lavorazione.

Nell'Appendice FNU Wikappendix in lavorazione, viene proposto un nuovo modello per la struttura atomica, chiamato Cella Atomica Vacuometrica (VAC). Questo modello si basa su nuove comprensioni dell'Energia, del momento d'inerzia atomico, del movimento del modello della Griglia Spirografica nell'universo e della Nuova Equazione dell'Energia Totale.

****

Fine della conferenza di Manta

****

Questo materiale concluse la presentazione di Manta per la giornata. Nonostante le interruzioni intermittenti per cibo e bevande, il gruppo era restato seduto nella sala conferenze tutto il giorno e ascoltato i concetti attraverso cui li aveva guidati il loro socio membro del gruppo. Manta guardò l'orologio e vide che aveva finito appena in tempo per una discussione di gruppo. Offrì la parola, "Domande?"

Dopo un periodo di silenzio, una vena di nostalgia cominciò a permeare il gruppo. Si sentivano come se fossero tornati indietro al liceo, curiosi e imparando materiale nuovo. Tuttavia, non appena questa sensazione svanì, rientrarono nel loro spirito di CEO.

"Sì, ho una domanda," disse Carlos quasi dal fondo del tavolo. "Hai accennato prima come ci accingiamo a fare soldi con questa scoperta. Che cosa in particolare puoi dirci su come li faremo?"

"Al tempo, amico mio," disse Manta. "Abbiamo ancora un altro incontro che io vorrei tenere domani, se tutti sono d'accordo. Permettetemi di darvi questo indizio, però. C'è una regola in natura che quando si comprime un gas, si riscalda, e quando si decomprime, si raffredda. Ci sono un certo numero di leggi dei gas che descrivono questo fenomeno, tra cui la Legge dei Gas Ideali. Se guardate il cambiamento di temperatura che si è creato in sala, vedrete che si riferisce alla variazione del momento di inerzia della struttura atomica delle molecole del gas," spiegò Manta con l'ausilio della lavagna.

Manta continuò, "come descritto nella figura 10, quando si cambia il momento d'inerzia di un gas, la temperatura del gas cambia. La temperatura del gas aumenta con l'aumento di pressione (I_{1o}, più corto "r" e più alto w_{1o}) e la temperatura del gas diminuisce con una pressione più bassa del gas. Quindi ecco il vostro indizio. L'effetto di modificare il momento d'inerzia si applica anche alle reazioni elettrochimiche. Invece di cambiare temperatura comprimendo il gas, ci accingiamo a cambiare la direzione di qualcosa che si muove. Quindi, fondamentalmente, abbiamo intenzione di entrare nel business in movimento — il business degli elettroni in movimento.

"Questo è tutto quello che dirò fino alla prossima riunione," terminò Manta.

"Fate una domanda tecnica e avrete una risposta tecnica e, non inaspettatamente, sotto forma di un indovinello," disse Carlos, facendo ridere l'intero gruppo.

"Soprattutto quando la persona è Miles Manta," aggiuse Bill sopra le risate nella sala.

"OK, siamo tutti a favore di un incontro ancora domani per la terza divulgazione di Miles, come ha suggerito?" Bill chiese al gruppo.

Il voto fu un risonante "sì" e Bill sospese la riunione. Il gruppo chiacchierava della cena e dei progetti della famiglia, anche su come essi si tenevano aggiornati sulle loro attività via satellite ed comunicazioni e-mail. Tutti i membri tranne Bill lasciarono la sala conferenze.

Manta fece sapere a Bill che stava prendendo l'unità di memoria flash con la registrazione della riunione.

"Vuoi unirti ad alcuni di noi per una cena stasera in città?" Bill chiese a Manta.

"Ti ringrazio sinceramente per l'invito, ma farò meglio a rientrare a casa dalla mia famiglia. Voglio aiutare il mio figlio più grande stasera con un compito per scuola,"rispose Manta.

"Magari la prossima volta", rispose Bill, sorridendo. "OK, bene, io ho finito. Salutami la tua famiglia. "

Manta era grato di avere un amico come Bill.

Chiuse la sala e lasciò il Centro Conferenze sentendosi sollevato da quanto bene era andata la riunione. Sulla sua strada di casa, abbassò il finestrino per respirare aria fresca. Sicuramente godeva nel sentirsi alleggerito del peso di questi ultimi giorni. Domani sarebbe stato un giorno molto importante per lui — il terzo incontro. Combatté la tentazione di rievocare l'incontro nella sua mente e cercò di concentrarsi sul tempo stava andando a trascorrere con la sua famiglia quella sera.

CAPITOLO 8

SCIENZA, MODA E L'ETERE

Le notizie sul disastro atomico erano ancora sui titoli di testa. Ogni canale principale era inondato da un numero crescente di particolari, fatti, cifre, e teorie. Sembrava che ci fosse meno tendenza ad incolpare, ma nessuno ancora aveva rivendicato la responsabilità, quindi c'era una grande possibilità di sospetti. Questo era esattamente come Manta aveva predetto.

Circolavano un sacco di teorie di complotto. Perché questa tragedia doveva colpire proprio quando le cose stavano andando meglio in Afghanistan? I tagli di spesa per la Difesa erano stati capovolti. E, naturalmente, in risposta a questa nuova minaccia, nuove agenzie si erano aggiunte al governo degli Stati Uniti. La gente era scettica sulla possibilità che le bollette potessero ribassare grazie al Congresso ed era stato messo in discussione la perdita dei diritti e della libertà.

RIUNIONE TREK NUMERO 3

Tutti i dodici membri si sedettero nella stessa sala conferenze mercoledì mattina. Alcuni di loro discutevano le diverse notizie che avevano udito e quali teorie pensavano avessero più credibilità su chi avrebbe potuto eventualmente disinnescare la bomba. Altri gustavano caffè e paste in fondo alla stanza e guardavano fuori dalla finestra la vista della baia mentre discutevano alcuni temi più leggeri gli uni con gli altri.

Manta, d'altra parte, stava tranquillamente riorganizzando le sue dispense e collegando la memoria flash al computer nella parte anteriore della stanza. Era particolarmente ansioso di rivelare ciò che aveva da dire ai suoi membri del gruppo di oggi.

Manta guardò l'orologio e chiese a tutti di prendere posto in modo da poter iniziare.

Una volta che lo scalpiccio si calmò, Bill Oliver diede il benvenuto a tutti alla riunione.

"Grazie a tutti per essere venuti. Miles ci ha promesso informazioni su un'invenzione. Ha detto che era legato ad un business di traslochi Ricordo il mio primo lavoro come uno studente universitario che lavoravo per una società di traslochi. La mia schiena non è mai più stata la stessa. Forse la versione Manta del business trasloco includerà una macchina di levitazione anti-gravità. Chi lo sa? ", scherzò Bill. Gli altri risero.

"Abbiamo promesso a Miles tutta la nostra attenzione per i tre incontri. Poiché questo è l'incontro finale, al termine della nostra sessione, avremo ognuno l'opportunità di esprimere i nostri punti di vista e di annunciare le nostre intenzioni se vogliamo continuare la nostra associazione. Proseguiremo poi di nuovo con una votazione finale. Con questo, lascio la parola a Miles. Sentiamo quello che hai da dire, " disse Bill.

Manta si alzò diritto, spalle indietro, con le mani in tasca, nella parte anteriore della stanza. Aveva uno sguardo gentile ma serio sul suo viso, ed era vestito in un elegante completo grigio.

"Grazie a tutti per sopportare le mie noiose lezioni di scienza ", scherzò Manta. "Sono fiducioso che tutti voi comprendiate il valore e la necessità di comprendere i principi di funzionamento di base di quello che ci accingiamo a vendere", disse mentre si poneva dietro il leggio e toglieva le mani dalle tasche.

"Il nostro gruppo è stato insieme per lungo tempo. Come sapete, le circostanze che hanno messo insieme questo nostro gruppo non sono state accidentali. Questo può essere fastidioso per alcuni di voi. Potreste avvertire di essere stati manipolati. Posso solo sottolineare che c'è un obiettivo prioritario.

"Voi siete tutti degli imprenditori altamente qualificati ed esperti che sono diventati eccellenti amministratori delegati delle vostre aziende di successo. Voi capite quello che serve per ottenere dei risultati, e, soprattutto, per amore di ciò che ci aspetta, voi capite cosa motiva le persone a fare le cose che fanno.

"Uno dei risultati più importanti del progresso tecnologico del mondo è stata la diffusione delle informazioni. La diffusione delle informazioni si verifica in tutto il mondo ed è diventata quasi istantanea. Il lato buono è che l'informazione precisa è disponibile; devi solo trovarla. Il lato cattivo di questa massiccia diffusione è la grande quantità di informazioni inesatte che devono essere filtrate. Quindi, in un certo senso, la quantità di lavoro necessario per sviluppare un'opinione informata non è cambiata. Inoltre, i mezzi e i metodi di persuasione e l'arte della vendita non sono cambiate più di tanto.

"Durante le nostre recenti discussioni, ho toccato gli eventi della storia umana in cui le masse sono andate in direzione della verità o della cecità. Se esaminate ognuno di questi punti di svolta, ogni caso mostrerà che ci sono elementi di avidità, ego, potere, e, non c'è modo migliore per dirla, di moda.

"Per risolvere i problemi pericolosi che questo pianeta dovrà affrontare in futuro, ci si baserà molto sulla comprensione scientifica e meno sulla moda. Francamente, i problemi importanti che dobbiamo affrontare sono legati a salvare noi stessi dall' auto-annientamento, sia per l'inquinamento, il consumo, o l'olocausto atomico.

"Non c'è niente di sbagliato con la religione, la politica, o la moda. Ma quando una di queste tre cose diventano la forza principale nel prendere decisioni, si finisce con risultati molto polarizzati, generalmente basati sul minimo comune denominatore o sugli interessi di poche selezionate persone o gruppi.

"La scienza e la moda vanno insieme come la religione e la politica. La scienza è la forma di seguire la funzione. La moda è la forma di seguire ciò che il vostro vicino di casa pensa. E sappiamo tutti quanto si scapiti a mescolare religione e politica.

"Per esempio, supponiamo di avere un centinaio di tazze capovolte su un tavolo. Sotto alcune delle tazze ci sono delle piccole gumballs. Scientificamente, la soluzione per determinare il numero di gumballs è sollevare sistematicamente ciascuna delle coppe per determinarle e contarle. E 'così semplice. Ma cosa succede se qualcuno ha detto, 'ignorate queste venti tazze qui' a causa di qualche motivo di religione, di politica, o di moda. Questa situazione è del tutto incompatibile con la vera scienza. Eppure, così è come funziona il mondo, inclusa, purtroppo in alcuni casi , la comunità scientifica. "

ESEMPI DI MODA MESCHINA

Manta fece una pausa per un bicchiere d'acqua e poi continuò. "Vorrei citare due esempi recenti che io sono certo che potrebbero riguardare tutti noi.

"Tutti noi conoscono il complesso rock dei Beatles del 1960. Dire che non abbiano rivoluzionato il mondo della musica sarebbe la bestemmia del secolo.

"Ma cosa è successo dopo che i Beatles hanno avuto successo negli Stati Uniti per sette anni di seguito? La gente ha iniziato a stancarsi di loro.

"Mi ricordo quando fu rilasciata la registrazione dell'ultimo album dei Beatles. Il brano 'Come Together' stava suonando sull'autoradio, e mio fratello più grande si chinò e cambiò stazione, dicendo con un'imprecazione, 'Sono stufo di questi tizi.' Le vendite dei loro album diminuirono, e il loro film Let it Be fù un fiasco.

"Se si guarda alla loro musica, certamente non c'era un calo in termini di qualità. Al contrario, il loro lavoro in esplorazione e sviluppo di nuovi arrangiamenti mostrava miglioramenti in corso, questione di gusti, naturalmente. Eppure, quando il complesso si sciolse nel 1969, sembrò che importasse a pochi. Almeno, così avvenne nel mio quartiere.

"Un altro gruppo che mi viene in mente è del 1970. Ricordate i Bee Gees? Cavalcarono il culmine della discomania. Erano estremamente dotati di talento, la loro musica era ottima, ancora una volta, questione di gusti, ed erano sul punto di fare molto di più. Ma cosa è successo? Tutto ad un tratto non erano più di moda.

"La gente ha iniziato distruggendo gli album dei Bee Gees per la strada. Se tu dicevi di essere un fan dei Bee Gees, avresti potuto essere emarginato o giudicato per questo! Perché? Che cosa avevano fatto di sbagliato?

"Questo comportamento umano si verificò perché era diventato di moda odiare la disco music, simboleggiata dai Bee Gees. Simile a come era diventato di moda odiare i Beatles.

"Naturalmente, nel corso del tempo le persone si resero conto che avevano buttato via il bambino con l'acqua sporca, e il vero genio dei Beatles e dei Bee Gees venne riconosciuto, ancora una volta una questione di gusti.

"Rende la vita interessante, ma sappiamo che questo è un comportamento molto meschino. Gli scienziati non sono immuni da un comportamento meschino anche loro. "

LA MODA DI ISAAC NEWTON

Come Manta passò al soggetto successivo, distribuì ai membri una dispensa in modo che potessero seguire più facilmente.

"Dobbiamo ricordarci che la parola scienza non esisteva ai tempi di Isaac Newton", continuò Manta. "Egli era indicato come un filosofo naturale.

"Inoltre, non esisteva la chimica ai suoi tempi. Le persone che sperimentavano le reazioni tra materiali diversi erano chiamati alchimisti. La base per l'alchimia fu lo sforzo di trasformare la materia comune in oro, e anche se non vi riuscirono mai, il loro lavoro fece sì che la scienza della chimica diventasse quello che è oggi.

"La somiglianza tra il tempo di Newton e la comunità scientifica di oggi è che il governo, i re e le regine di quel tempo, e sovvenzioni e altri programmi adesso - fornisce il sostegno e il finanziamento per nuove scoperte scientifiche.

"Provate ad immaginare voi stessi indietro in quel tempo. Quali sarebbero i criteri per cui ricevereste il sostegno del governo o no? Chiaramente, lo sviluppo di una nuova arma sarebbe qualcosa che questi avrebbero finanziato. Lo sforzo di trasformare materia comune in oro sarebbe molto interessante. O la possibilità di una migliore polvere da sparo avrebbe ricevuto il loro sostegno. Non vi viene in mente altro?

"Ricordate, le scoperte di Newton che descrivono come i pianeti ruotano intorno al sole non possono aver avuto una grande attrazione per i re e le regine; quale era il vantaggio, soprattutto se contrastava ciò che la Chiesa diceva? L'uso della sua matematica per progettare una palla di cannone poteva generare interesse, ma in quale altro modo poteva Newton vendere le sue idee?

"Proprio come oggi, ai tempi di Newton c'era grande valore di intrattenimento nella filosofia naturale. Era di moda in quel tempo per l'alta società frequentare lezioni presso le istituzioni educative. I biglietti per conferenze popolari erano molto ricercati, in modo simile alle celebrità della musica di oggi.

"Perciò, se tu facevi una scoperta che aveva valore di intrattenimento, saresti stato in una posizione migliore per fare colpo sul re o sulla regina, come ad esempio, la persona che inventò la bottiglia di Leida che poteva immagazzinare l'elettricità statica in un barattolo di vetro rivestito di piombo. Costringendo qualche anima ignara a toccare entrambi i terminali liberava una scossa ad altissima tensione, causando urla disperate. Ora, questo potrebbe attirare l'attenzione del re e varrebbe la pena di rivederlo. Forse il sistema di finanziamenti governativi non è cambiato più di tanto, dopo tutto?"

Alcuni membri ridevano sotto i baffi realizzando la verità di questa affermazione.

Manta continuò. "Newton fu nominato cavaliere dalla regina Anne nel 1705, all'età di sessantatré anni. Con il successo dell'espansione coloniale e gli inizi della rivoluzione industriale, la Gran Bretagna era sulla cresta di una grande ricchezza. Newton era un eroe nazionale. Anche dopo la sua morte, Newton stava crescendo e diventando una leggenda.

"La sua fama e l'adesione fedele alle sue teorie presentate nelle pubblicazioni Principia erano simili all'adesione che vediamo oggi alla teoria della relatività di Einstein. Isaac Newton era una stella di prima grandezza. "

ALTRI LAVORI DI NEWTON – L'ETERE LUMINOSO E COME NEWTON PASSO' DI MODA

Manta chiese se avevano bisogno di una breve pausa. Tutti sembravano di voler continuare, così lui andò avanti. Egli aveva sottolineato che, se qualcuno aveva bisogno di una pausa poteva solo andare in fondo alla stanza, e il resto del gruppo avrebbe preso l'occasione per sgranchirsi.

Manta continuò, "Oltre la definizione di Newton delle forze che influenzano corpi che hanno massa e la sua invenzione del calcolo, un altro ramo del suo lavoro riguardava il comportamento della luce e l'ottica. Egli costruì il primo pratico telescopio riflettore. Scoprì che la luce era composta da colori diversi osservando lo spettro che si verificava quando la luce attraversava un prisma di vetro.

"Studiò anche la velocità del suono e lavorò sui principi di come il suono viaggia come un onda di energia attraverso un mezzo. Scoprì che il suono non viaggiava in uno spazio privo di aria.

"Logicamente, pensò, la luce deve viaggiare attraverso un medium, proprio come fà il suono. Sembra logico, non è vero? La scienza moderna ha accertato che la luce si comporta come un'onda, con frequenze conosciute precisamente, colori, modelli di interferenza, livelli di energia, e persino come ciò che è conosciuto come spostamenti di frequenza Doppler quando la sorgente sta viaggiando a una velocità diversa dall'osservatore. Ma qual è il mezzo della luce? Era stato osservato che la luce viaggiava attraverso un "vuoto", vale a dire la luce viaggiava attraverso ciò pensavano essere un vuoto di volume di aria o di mezzo.

"Quello che Newton propose fu l'etere luminoso come mezzo per la propagazione della luce. Questa teoria è stata considerata come una pietra miliare della comprensione dell'universo in tutto il 1800 e subito dopo la fine del secolo. Gli aderenti a una forma di una teoria dell'etere o un'altra includeva la maggior parte, se non tutti, dei maggiori scienziati del periodo.

"Questi scienziati sapevano che la Terra viaggiava attraverso l'etere dello spazio a 108,000 km / h, seguendo la sua orbita intorno al sole. E se la luce si comportava alla stessa maniera di un'onda sonora, pensavano di essere in grado di misurare una differenza nella velocità della luce sulla superficie della Terra mentre essa ruotava nel vento etere, rispetto alla rotazione contro il vento etere. La rotazione della Terra ha una velocità di 1.670 km / h all'equatore. Pertanto, la velocità della luce dovrebbe rallentare o accelerare, pensavano.

"Esperimenti sempre più complessi furono effettuati alla fine del 1800 che cercavano di misurare la variazione nella velocità della luce dovuta alla rotazione della Terra. Ma non riuscivano a misurare la differenza. I risultati di un esperimento furono pubblicati sull'American Journal of Science nel 1887, largamente noto come l'esperimento di Michelson-Morley.

"Come potete immaginare, discussioni sul comportamento della luce e dell'etere erano un soggetto popolare tra la comunità scientifica tra la fine del 1800 e l'inizio del 1900. Tutti i grandi nomi della scienza erano a conoscenza delle descrizioni newtoniani tradizionali, così come altri modelli di etere erano in lizza per ottenere l'attenzione all'interno di un circolo di figure di spicco nella comunità scientifica.

"Per esempio, alcuni promuovevano la teoria della gravitazione Le Sage che comprendeva un mezzo di luce costituita da minuscole particelle invisibili che viaggiavano in tutte le direzioni attraverso l'universo. Altri esempi erano i modelli meccanicistici dell'etere che si basavano su fantasiose ruote e ingranaggi. Alcuni dei collaboratori includevano James Clerk Maxwell, George Fitzgerald, Oliver Heaviside, e Oliver Lodge.

"Joseph Larmor e Hendrik Lorentz avevano delle teorie basate su particelle di etere, tra cui 'la teoria degli elettroni, di Lorentz," che includeva modelli per la propagazione della luce nello spazio.

Lorentz fornì una spiegazione sul perché l'esperimento Michelson-Morley non aveva potuto rilevare una differenza nella velocità della luce rispetto alla rotazione della Terra. Questa spiegazione era chiamata la teoria di Lorentz-Fitzgerald e descriveva come il moto assoluto di un etere non poteva essere rilevabile.

"Tuttavia, le teorie di Albert Einstein e i risultati di Michelson-Morley richiamavano più attenzione di quella che richiamava Lorentz e le sue teorie. Perché?

"Un esame storico di tutto il dibattito rivelava una grande opportunità per Albert Einstein per ottenere lo status di stella scientifica. Non è questo un forte motivo per la maggior parte delle persone?

"Einstein aveva avuto successo nel promuovere l'esperimento di Michelson-Morley da un comune esperimento in qualcosa che metteva le sue teorie al centro dell'attenzione. Andiamo gente, questo vale tanto per il marketing quanto per la scienza.

"Per quanto riguarda la luce, la teoria di Einstein aveva tre componenti di base. Innanzitutto, la velocità della luce è costante nel vuoto. In secondo luogo, la velocità della luce era la stessa per tutti gli osservatori, non importa a quale velocità essi viaggiassero. La terza parte della sua teoria era davvero unica perché sosteneva che la luce non viaggia come un'onda attraverso lo spazio. Invece, Einstein credeva cheluce viaggiasse attraverso il vuoto dello spazio per mezzo di una particella chiamato fotone. Questa duplice natura di onda-particella, o dualità, di luce ometteva la necessità di un mezzo per la luce per viaggiare attraverso lo spazio. Con questa teoria non vi era alcuna necessità di un etere.

"Questo è particolarmente conveniente perché la spiegazione di un vero, tangibile, e corporeo etere era diventato un ostacolo grave, simile al problema di immaginare l'area sotto la curva e la velocità istantanea.Agli scienziati non piace non avere una risposta. E' come la programmazione di televisione via cavo al giorno d'oggi - si dispone di spazio, quindi bisogna riempirlo con qualcosa, altrimenti basta avere solo uno schermo vuoto, e non potete piazzarlo sul mercato, no? Beh, forse si può, dopo aver visto alcuni degli ultimi programmi di reality ".

Il gruppo non rispose. "Dicevo per scherzo. Abbiamo bisogno di fare una pausa? " chiese Manta, mentre riusciva a ottenere alcune risatine dal gruppo e alcune teste che annuivano in accordo.

Manta continuò, "Con la scomparsa di molte teorie dell'etere che avevano fallito nel soddisfare l'esame approfondito e scrutatore delle vecchie guardie del Royal Institute, l'opportunità di aggirare il problema deve essere stata molto allettante. Quindi, gli scienziati piuttosto che affrontare il problema, essi lo aggirarono cambiando i parametri. Inoltre, il momento era giusto per gli scienziati del continente di fare una proposta. George Fitzgerald morì improvvisamente nel 1901 e Lord Kelvin morì nel 1907, ciò che lasciò un vuoto nella leadership all'interno della corrente britannica dei leaders nel campo della fisica.

"Con l'atmosfera d'influenza, sostegno, ed orgoglio nazionalistico che esisteva, questa fu una perfetta tempesta. Ai continentali si aprì l'opportunità di mettere il loro uomo in prima fila.

"Ho detto orgoglio nazionalistico perché Einstein era tedesco. La Germania aveva prevalso nella guerra franco-prussiana e aveva un profondo fervore nazionalista e scientifico. La Germania era rimasta indietro gli inglesi durante le fasi iniziali della rivoluzione industriale. Agli occhi dei tedeschi, e probabilmente della comunità scientifica dell'intero continente europeo, tra cui la Francia, il Galles, e l'Olanda, gli inglesi avevano avuto successo per troppo tempo cavalcando sulla scia di Isaac Newton e delle scoperte scientifiche di Michael Faraday.

"Come il sole non tramontava mai sulla bandiera britannica, le espansioni coloniali e industriali britanniche erano senza pari. Il nazionalismo era il passatempo preferito prima della prima guerra mondiale e, senza dubbio, aveva fatto presa sulla comunità scientifica. Naturalmente vi erano rivali tra i continentali, ma sappiamo le stranezze dei tifosi sportivi. Ad esempio, i tifosi sportivi potrebbero tifare per la loro più grande rivale se ciò aiutasse la loro squadra in classifica.

"La teoria del modello dell'etere stava lottando per una svolta nella comprensione o qualche prova tangibile. Ad ogni attacco o critica si rispondeva con un rifiuto responsabile o una nuova serie di formule. Questa condizione portò alla famosa dichiarazione di Lorentz, '... Sono alla fine del mio latino,' dove egli era semplicemente stanco di combattere e controargomentare l'esistenza dell'etere contro il fervore, che era di moda, per l'esperimento di Michelson-Morley.

"Il pubblico stava diventando impaziente per la svolta successiva o grande successo. L'intera comunità scientifica europea doveva sentirsi stanca del successo di Newton. Sì, tutti pensavano che era tempo per gli inglesi di essere abbassati di una tacca.

"Ed ecco Einstein. Egli aveva pubblicato una descrizione ben accolta del moto browniano, che è il movimento casuale apparente di una molecola sospesa in un fluido. Aveva idee nuove e fresche che il pubblico si divertiva ad ascoltare e leggere. Era il Continentale ideale per il ruolo di sostituire Isaac Newton. I suoi capelli erano perfetti, aggiungevano interesse e fascino in quello che aveva da dire. Era un volto nuovo e indimenticabile che il pubblico cominciava ad amare. Era un candidato perfetto per lo status di stella del firmamento scientifico.

"Un altro grande dibattito che stava prendendo piede durante questo stesso periodo di tempo era sulla nostra comprensione del mondo naturale. Questo dibattito era correlato al lavoro di Charles Darwin e al suo libro" L'origine delle specie". Dovrebbe essere ovvio per noi che i problemi dell' evoluzione rispetto la creazione si erano intrecciati nella mente dei grandi e dotti uomini della scienza della fisica. Il libro di Darwin fu accolto con una fanfara simile ad un romanzo di Harry Potter, dove la sua prima edizione di 1250 copie fu venduta in un giorno e la grande ristampa della sua 2 ° edizione fu venduta in un breve periodo di tempo.

"Ricordate, Newton era un uomo molto religioso e un convinto sostenitore della Bibbia. E' noto che la maggior parte dei suoi scritti erano dissertazioni religiose. I sostenitori degli Inglesi e della teoria dell'etere di Lorentz avrebbero avuto il doppio dovere di sostenere l'attualità delle loro idee antiquate, comprese le loro credenze religiose, in mezzo ad una crescente richiesta di separazione tra chiesa e stato.

"Quanto oscillazione di pendolo verso le credenze più laiche e agnostiche della teoria non-etere di Einstein era dovuta a un voto della pagliuzza sui comportamenti della chiesa al tempo dell'oscurantismo? La chiesa controllava l'istruzione pubblica in un momento in cui la disciplina dell'insegnamento era stata trasformata nell'arte di tenere la gente ignorante. Certo, era stato terreno fertile per le idee di Karl Marx, che aveva identificato la religione come 'l'oppio dei popoli.'

"Alla fine, la popolarità dell'etere prese la stessa strada, come i Beatles e i Bee Gees. Non solo la teoria dell'etere cadde fuori moda, ma divenne di moda odiarla. Il collegamento dell'etere con una fede in Dio era qualcosa di altamente ripugnante alla crescente schiera di atei negli alti livelli della scienza, della politica, e la società, tra cui uomini come Sir Arthur Conan Doyle, l'autore popolare dei misteri di Sherlock Holmes, che fu accusato di essere l'autore della beffa dell'uomo di Piltdown di un fossile umano forgiato, beffa di cui ci vollero più di 40 anni per essere scoperta.

"La teoria dell'etere spirò durante la notte.

"La teoria della relatività speciale di Einstein si trasformò in quella che fu chiamata la meccanica quantistica. Ci dovrebbe essere una grande simpatia per qualsiasi persona che si imbarca nella comprensione della meccanica quantistica, "Manta, disse coprendosi il viso con la mano e ritraendosi.

"Non credo che qualcuno possa obiettare qualcosa contro l'ipotesi che la meccanica quantistica fosse diventata una forma di pazzia legittimata. Al suo interno vi erano credenze di concetti esoterici con una fissazione su una sequenza numerica di conteggi, di quanti, che sembravano trasformarsi su base settimanale. Teorie quantistiche erano diventate molto simili a concetti religiosi complicati che richiedono enormi quantità di fede nello sconosciuto, o inconoscibile, che possono essere comprese solo da un sacerdoti selezionati. Sembra che se non si può spiegare qualcosa con la comprensione vera, basta delegarla al campo della meccanica quantistica, dove si può impressionare qualcuno con l'articolata capacità di dire che non hai idea di quello che sta succedendo, senza conseguenze.

"Abbiamo dipinto un quadro in cui i sostenitori dell'etere si trovarono in un vicolo cieco e si sentivano frustrati. Eppure, trovarsi in vicoli ciechi fà parte del viaggio verso le scoperte, proprio come il problema dell'area sotto la curva. La frustrazione incontrata dai sostenitori della teoria dell'etere non deve essere interpretata come un fallimento.

"Un grande problema con i sostenitori del quanto-meccanico è che irresponsabilmente scavano vicoli ciechi con più strati di 'latino.' Eccetto che, in questo caso, in realtà non è latino, è 'marziano.' Se non mi credete me, provate ad ascoltare Stephen Hawking parlare con il suo interprete ", scherzò Manta.

Ci fu una reazione mista del gruppo, alcuni ridevano all'osservazione marziano, altri si ritrassero come se fosse irriverente.

"La questione dell'etere e il mezzo della luce saranno le questioni più controverse che affronteremo nella nostra divulgazione del concetto Spirogrid. Saranno gli ostacoli più significativi per ottenere l'accettazione. I seguaci di Einstein spianeranno via via tutto ciò che contraddice la loro teoria con il loro esclusivo linguaggio quantum che solo loro possono interpretare, se anche può essere interpretato per niente. "

Con questo, Manta suggerì al gruppo una pausa per il pranzo. Poteva avvertire che il gruppo stava ascoltando con attenzione ed era molto incuriosito dalla sua presentazione, ma sapeva che avrebbero preso volentieri una boccata d'aria fresca e qualcosa da mangiare.

Il gruppo, ancora una volta si diresse verso il buffet che era stata preparato in fondo al corridoio. Manta non si unì al gruppo per il pranzo, ma lasciò la sala. Fece una lenta passeggiata intorno al centro congressi per prendere un po 'di aria fresca e trovare un posto tranquillo per gustare un pranzo leggero.

Dopo 30 minuti, si incontrarono di nuovo nella sala conferenze.

UN MODELLO DI ETERE - NECESSARIAMENTE O MENO

"Siete stati tutti molto buoni ascoltatori. Grazie, "Manta cominciò appena gli ultimi di loro presero posto e si erano messi comodi.

"Continuiamo. Và bene? "Manta chiese al gruppo, retoricamente. Girò una pagina dei suoi appunti e riprese.

"Credo che voi tutti conoscete la mia posizione verso lo stato della comunità scientifica per quanto riguarda la composizione fisica dell'universo. Sono preoccupato che il rifiuto immediato di un modello di etere sarà feroce, e i portavoce della scienza moderna, vale a dire i personaggi televisivi, resteranno attaccati ai loro modelli quantistici nello stesso modo in cui una persona religiosa si inchina ad una statua o un idolo.

"Il tempo ci ha dimostrato che i più grandi scienziati sono coloro che cautamente descrivono ciò che pensano di sapere, e riconoscono che sanno davvero molto poco. Un esame dei più grandi scienziati nelle liste rivelerebbe che furono frustrati dalla loro mancanza di comprensione, invece di essere orgogliosi delle loro realizzazioni.

"Voglio sottolineare questo perché, nel nostro sforzo di esaminare questo materiale che descrive la Spirogrid, ci baseremo su modelli di moto. Per le nostre discussioni ci sono due forme specifiche di movimento moto - dinamica e moto corporeo. Ogni forma di moto è associata con differenti caratteristiche di energia e forza. Quando esaminiamo specifici fenomeni naturali, non possiamo conoscere la portata di queste interazioni di forze. Pertanto, i nostri modelli possono essere limitati.

"I modelli basati sul movimento dinamico della Spirogrid spiegano molti fenomeni, compreso il nostro esempio dell'energia cinetica di Drew, e l'esempio della bassa marea mentre la terra ruota intorno al suo baricentro. Quanto di più si può spiegare solo con il modello del movimento dinamico della Spirogrid? Ricordate, questo sarebbe interessante per un sacco di scienziati, perché non vi è alcun requisito richiesto per l'etere corporeo.

"D'altra parte, ci sono diversi motivi per cui vogliamo far risorgere il concetto di etere. Uno è che non è mai stato veramente smentito, è stato solo messo da parte come superfluo. Nella ricerca per scoprire l'etere, l'esperimento di Michelson-Morley non si applica per molte ragioni, come vedremo nell'Apppnedice FNU Wik- appendice. Nuovi modelli dell'universo forniti dalla scoperta della Spirogrid consentiranno lo sviluppo di nuovi metodi di individuazione e sperimentazione che proveranno l'esistenza dell'etere. Insieme alla Spirogrid, l'etere corporeo fornisce un modello potente, o strumento, per spiegare fenomeni naturali, come la gravità, forze nucleari forti, e l' induzione elettromagnetica.

"Uno degli strumenti più importanti della scienza è lo sviluppo di modelli che rappresentano l'invisibile. Ad esempio, tutti noi dovremmo avere familiarità con il modello atomico di Bohr, che mostra un nucleo circondato da strati di elettroni, con il nucleo costituito da pari quantità di protoni e neutroni.

"Il modello Bohr dell'atomo è stato ampiamente utilizzato per descrivere il comportamento di reazioni chimiche e la formazione di composti. Ma, quanto precisamente realmente descrive la composizione fisica della materia? Dovremmo davvero dovremmo credere che una molecola di acqua sembra Topolino? Certo che no, il modello di H2O aiuta solo a capire il concetto di molecola e noi non conosciamo esattamnente l'esatto aspetto fisico di una molecola d'acqua.

"Un altro modello che può essere esagerato è la natura fotonica della luce. La dualità onda-particella della luce, e il concetto del fotone, sono i soli modelli che tentano di spiegare perché la luce viaggia nel vuoto.

"Come descritto nella FNU Wikappendix, un vero vuoto non può esistere nel regno macroscopico. Inoltre, il tanto ricercato mezzo dello spazio attraverso il quale le onde luminose viaggiano non è l'etere; esso è semplicemente idrogeno biatomico ad una pressione estremamente bassa. La luce è un'onda elettromagnetica che viaggia attraverso qualsiasi mezzo trasparente, compreso il mezzo dello spazio di idrogeno biatomico, e non c'è dualità onda-particella.

"Prima di approfondire il nostro modello di etere, sarebbe utile rivedere un evento nel passato che ha un alto livello di significato scientifico oggi, ma è dalla parte opposta della verità. Ma, prima di farlo, vorrei fare una breve pausa. Sentitevi liberi di alzarvi e sgranchirvi le gambe, se lo desiderate, " disse Manta.

LA SUPPOSIZIONE SBAGLIATA DI BENJAMIN FRANKLIN

Una volta che tutti si erano di nuovo seduti, Manta prese un profondo respiro e continuò.

"Allora, come stavo dicendo, voglio rivedere con voi una scoperta scientifica che non era esatta, ma che contiene un profondo significato.

"Alla fine del 1700, un importante statista americano, Mr. Benjamin Franklin, faceva degli esperimenti con l'ultima scoperta di elettricità statica. A quel tempo, la gente sapeva molto poco di questo argomento. Alcuni degli strumenti del mestiere che Franklin aveva a sua disposizione erano pezzi d'ambra. Come tutti voi sapete, l'ambra è il materiale duro che si forma dalla linfa degli alberi nel corso di migliaia di anni, e assomiglia a plastica dura, e, tra l'altro, la parola per 'ambra' in greco si traduce come 'elettrico', e tutti materiali elettrici ai tempi di Franklin sono stati classificati come 'impianto elettrico.' Nei suoi esperimenti usò anche un globo di zolfo, pelliccia di coniglio, fili conduttori, e una bottiglia di Leida.

"A questo punto, l'unico tipo di energia elettrica che poteva essere utilizzato per gli esperimenti era l'elettricità statica, lo stesso tipo di energia elettrica che si genera nei giorni asciutti dallo sfregamento delle scarpe sul tappeto.Gli esperimenti includevano la creazione di archi strofinando ambra o palline di zolfo con la pelliccia di coniglio, attirando pezzetti di carta con una carica statica, e caricando la bottiglia di Leida con un circuito dalle palline di zolfo. Una bottiglia di Leida è come un condensatore primitivo che può immagazzinare una carica di elettricità statica.

"Uno degli esperimenti di Franklin fu il famoso esperimento dell' aquilone, dove era in grado di caricare una bottiglia di Leida con l'elettricità mediante un fulmine. La chiave che attaccava alla fine del filo era l'elettrodo di collegamento alla bottiglia di Leida. Questo esperimento ha dimostrò che il fulmine era della stessa sostanza di ciò che è derivava dallo sfregamento del globo di zolfo. Questa fu una scoperta significativa, considerando che c'erano teorie al momento che suggerisvano che l'elettricità e il fulmine erano organismi viventi, come ad esempio l'eminente teoria dell' elettricità animale di Luigi Galvani ".

Alcuni dei membri del gruppo prendevano appunti sulle dispense che aveva distribuito in giro, all'inizio della sua conferenza. Dopo una breve pausa Manta richiamò la loro attenzione su di lui, e continuò subito con il suo materiale.

"L'esperimento dell'aquilone rese famoso Franklin tra gli ambienti scientifici. Continuò a compiere esperimenti con l'elettricità, e, dopo essersi guadagnato il rispetto della comunità scientifica e lo status di stella, le sue opinioni portavano un notevole peso.

"Un altro contributo significativo che Franklin aveva portato fu la sua identificazione dei poli positivo e negativo di un circuito elettrico. Egli suggerì che quando la materia conteneva troppo poco fluido elettrico, possedeva una carica negativa, e, quando ne aveva un eccesso, possedeva una carica positiva. Quando il fluido elettrico scorreva attraverso il circuito, viaggiava dal polo positivo, o abbondante, al negativo, o carente. Egli identificò il terminale positivo con la porzione vetrosa del circuito, e il lato negativo del circuito con il terminale resinoso. Così, la prossima volta che guardate una batteria e vedete i segni più e meno, potete pensare a Benjamin Franklin.

"Durante questo periodo di tempo, ci furono vari rami della scienza che reclamavano tutti la loro importanza e contributo alle spiegazioni dei fenomeni naturali. Un gruppo particolarmente influente furono gli scienziati che sviluppavano modelli di elettromagnetismo e induzione elettrica. Questi usarono la convenzione di positivo e negativo di Franklin nella loro sperimentazione dei campi elettrici. Alcune delle persone eminenti in questo gruppo includevano: James Clerk Maxwell, George Fitzgerald, Oliver Lodge, Oliver Heaviside, e Lord Kelvin. Naturalmente, Michael Faraday avrebbe anche tracciato un quadro in anticipo per la disciplina del magnetismo e induzione elettrica.

"Mentre la scienza dell'elettrochimica veniva ulteriormente sviluppata nel tardo Ottocento e nel primo Novecento, una chiara comprensione delle specifiche reazioni chimiche che si verificano sugli elettrodi delle celle elettrochimiche, o batterie, aiutarono gli scienziati a scoprire che gli elettroni in una cella elettrochimica viaggiavano esttamente nella direzione opposta di quella che Franklin aveva proposto. Questa è la parte importante: nonostante questa scoperta, fino ad oggi, è un fatto di convenzione scientifica che il flusso di "corrente" elettrica è opposto al flusso di "elettroni" in un circuito DC.

"In altre parole, invece della comunità scientifica che si compatta insieme e dicendo, 'OK, ci siamo sbagliati, facciamo i cambiamento necessari,' i sostenitori della induzione elettrica dissero, 'Scordatevelo,' e non cambiarono la loro posizione, e insistettero nel mantenere la direzione convenzionale di Franklin del flusso di corrente.

"Probabilmente a causa della timida natura degli elettrochimici, con le loro noiose procedure sperimentali e provette, questi non poterono superare il peso e l'influenza dello sfavillante e altamente di moda lavoro teorico dei seguaci di Maxwell.

"Invece di dichiarare Franklin che si era sbagliato e fare una semplice correzione per rendere tutto coerente, la comunità scientifica accettò il suo errore come parte del loro credo. Oggigiorno, quando acquistate uno strumento che misura la corrente elettrica DC, compreso un comune multimetro di tutti i giorni, questo mostrerà che il flusso positivo della corrente è in direzione opposta al flusso degli elettroni. Inoltre, il fenomeno dell'induzione elettrica con la regola della mano destra è completamente opposto alla vera direzione del flusso di elettroni. In un altro dispetto ai mancini che esistono, noi dovremmo veramente indicare la regola della mano sinistra per indicare la direzione del campo indotto dal flusso di elettroni.

"Vi stò raccontando questa storia per sottolineare che il progresso scientifico non dipende dal fatto che ogni teoria sia puritanamente corretta. In molti casi il punto di riferimento, o standard comune, che i modelli ci forniscono permette di costituire la base per il nostro lavoro di scoperta, e comunicare efficacemente le nostre idee. Anche se sarebbe ideale essere esattamente corretti e coerenti in ogni ramo della ricerca scientifica, ciò che è almeno altrettanto importante è che i modelli scientifici siano basati su teorie per aiutarci a 'vedere' ciò che è invisibile.

"Il modello della Spirogrid, la nuova Equazione dell'Energia Totale, e il riconoscimento dei moti dinamico e corporeo si combinano per fornirci strumenti incredibilmente potenti per sviluppare ulteriori modelli e teorie sulla composizione dell'universo fisico.

"Adesso vorrei portare la nostra conversazione sul soggetto dell'etere."

LA COMPONENTE ELETTRONICA DELL'ETERE

Manta guardò fuori dalla finestra per un momento, e poi concentrò nuovamente sui membri del gruppo.

Manta continuò, "L'idea che l'elettrone faccia parte dell'etere sfuggente non è nuova. Il media elettrone è la pietra angolare del modello della teoria dell'etere - il leader dell'etere Hendrik Lorentz prima che la relatività di Einstein venisse di moda. Lorentz ricevette il Premio Nobel nel 1902, e la Conferenza Nobel in quell'occasione fu intitolata 'La teoria degli elettroni e la propagazione della luce,' dove la teoria descrive 'il mondo fisico come composto da tre cose separate, costruito da tre tipi di materiale da costruzione: primo la materia ordinaria tangibile o ponderabile, secondo gli elettroni, e il terzo l'etere '.

"L'elettrone è una scoperta affascinante. In molti sensi, il suo comportamento è molto semplice da capire. Nelle applicazioni elettroniche di base di corrente continua (DC) e di potenza, l'elettrone ha un comportamento perfettamente analogo all' acqua che scorre in un tubo.

Questo rapporto del flusso di acqua al flusso di elettroni include che la tensione elettrica sia analoga alla pressione dell'acqua in una tubazione, la corrente elettrica sia analoga al flusso di acqua in un tubo, e la resistenza del flusso di corrente elettrica sia analoga alla resistenza del flusso d'acqua in un tubo.

"Siamo in grado di 'vedere' l'elettrone con dimostrazioni molto semplici di archi di elettricità statica, le emissioni di luce in un tubo a raggi catodici, e, come Franklin dimostrò, un colpo di fulmine.

Possiamo anche usarlo per compiere un lavoro, misurarla, cambiare la sua direzione, e anche giocare con essa. Facciamo queste cose ogni giorno.

"Quello che sappiamo sull'elettrone, e come esso possa eventualmente essere riferito ad una sostanza eterea, è parte dell'Appendice FNU.

" L'Appendice FNU fornisce un modello dell'elettrone che conosciamo ed usiamo oggi come la fase liquida incomprimibile di una sostanza subatomica. Secondo questo modello, il tanto ambito medium etere è la forma gassosa comprimibile dell'elettrone, denominato 'etertone,' che è la componente corporea apparente della Spirogrid.

"Vi prego di notare che l'etertone non si propone come il mezzo attraverso cui la luce viaggia attraverso lo spazio. Ancora una volta, l'Appendice FNU descrive il mezzo nello spazio attraverso cui la luce viaggia come idrogeno biatomico a bassissima pressione. In altre parole, la maggior parte dello spazio non è vuoto. La luce non si propaga attraverso un vero vuoto, e i famigerati buchi neri dello spazio esterno, e il concetto di materia oscura, potrebbero essere le regioni in cui esistono veri vuoti. Inoltre, a causa della variabilità della densità dell'etertone, le forze gravitazionali non sono costanti in tutto l'universo. "

IL MODELLO DI BOHR DELL'ATOMO E VOLUME MOLARE

"Attualmente, ciò che viene tradizionalmente insegnato nelle scuole è il modello di Bohr della struttura atomica. Questo modello descrive la struttura atomica come avente un nucleo di protoni e neutroni, con una formazione esterna di elettroni giranti attorno al nucleo. Per il beneficio di migliorare la nostra comprensione della struttura atomica, un nuovo modello è necessario.

"Perché è necessario un nuovo modello? Poiché il modello di Bohr non si riferisce in alcun modo a molti fenomeni materiali osservati. Ad esempio, il modello di Bohr non ha alcun legame meccanicistico con i cambiamenti di stato (solido a liquido, liquido a gas), il calore latente di fusione e vaporizzazione, temperatura, conducibilità termica, il magnetismo, le forze nucleari forti, le forze nucleari deboli, potenziali elettromotori, volume molare , e altre cose.

"In altre parole, il modello di Bohr è terribile.", disse Manta con un sospiro esasperato.

"Il modello di Bohr era basato su un esperimento di sparare neutroni attraverso una sottile lamina d'oro, e osservare che, di tanto in tanto, un neutrone rimbalzava direttamente indietro alla sorgente. Ebbene, questo potrebbe essere spiegato in tanti modi. Perché questa osservazione dovrebbe essere la considerazione primaria per la struttura dell'atomo, in ossequio al grande numero di altri fenomeni della sostanza materiale?

"Uno dei problemi principali del modello Bohr è l'osservazione del volume molare. Di tutti i fenomeni osservati nel mondo materiale, il modello della struttura atomica dovrebbe fornire una spiegazione meccanicistica del volume molare ".

Manta fece una pausa e esaminò i volti del gruppo. Erano ascoltatori pazienti, ma era preoccupato del fatto che li potesse perdere. Manta ricordò loro che lo scopo di questa discussione era quello di familiarizzare con una tecnologia esclusiva che essi avrebbero potuto commercializzare. Era essenziale che capissero i fondamenti di come funzionava.

Manta insistette. "Quando si cerca di costruire un modello di struttura atomica, o dell'etere, è meglio cercare indizi nella composizione fisica della natura. Solitamente questi indizi appaiono in forma di fenomeni insoliti o inspiegabili nel comportamento della materia. Una tale indizio è l'esistenza del volume molare.

"Alcuni di noi hanno sentito parlare del termine 'talpa' da un corso di chimica. Forse dà i brividi ricordarsi di dover imbottirsi di nozioni per un esame intermedio. Tuttavia, la maggior parte di voi probabilmente non è a conoscenza di come la talpa fu scoperta, o quello che ha portato il famoso scienziato Amadeo Avogadro al suo lavoro per quanto riguarda la quantità di una 'talpa' nel tardo XVIII e primo XIX secolo.

"Come la maggior parte delle scoperte, quello che lo condusse a questa scoperta fu una stranezza non-intuitiva che sfidava ogni spiegazione. Egli, e altri, osservarono che una certa quantità di gas, sia fosse un elemento puro o molecole di un composto, e non importa quanto pesante l'elemento o molecola fosse, occupava sempre lo stesso volume di gas. Dovete ammettere, questo è strano. Si potrebbe pensare che una molecola di argon con venti volte la massa dell' idrogeno e cinque volte la massa di elio occuperebbe molto più spazio. Ma no, tutti occupavano lo stesso volume.

"Ancora, nel minor numero di parole possibile, secondo i fenomeni di volume molare, un atomo o molecola di qualsiasi gas ha lo stesso esatto volume come qualsiasi altro gas alla stessa temperatura e pressione.

"Questo volume molare di un gas ideale, che è 22,3334 litri per mole, è una pietra miliare della chimica moderna. Esperimenti di chimica nei decenni che seguirono il lavoro di Avogadro scoprirono che il numero di atomi, o molecole, in un volume molare, o talpa, di gas è sempre 6.24×10 alla 23. Pertanto, una mole o 6.24×10 alla 23 di molecole di idrogeno puro ha lo stesso volume di 6.24×10 alla 23 di molecole di biossido di carbonio, anche se una mole di anidride carbonica è ventidue volte più pesante di una mole di idrogeno.

"Il volume di una mole di un liquido o solido è diversa da quella di un gas. Anche se una mole di liquido o solido contiene sempre 6,24 atomi, o molecole $6,24 \times 10$ alla 23 se è un composto, il suo volume è ovviamente molto meno di un gas, e non costante. Il volume di una mole di un liquido o solido varia da una sostanza all'altra.

"Ancora una volta, è deludente che il modello di Bohr della struttura atomica non abbia alcun legame meccanicistico col volume molare.

"Alla luce della comprensione delle energie e dei movimenti associati alla Spirogrid, viene proposto un nuovo modello per la struttura atomica che fornirà descrizioni meccanicistiche di molte caratteristiche fisiche di elementi e composti, compreso il volume molare."

LA CELLA ATOMICA VACUOMETRICA E L'IMPORTANZA DELLA CIMATICA

"Come ho già detto, l'Appendice FNU Wikappendix fornisce un modello che descrive l'elettrone come la fase liquida incomprimibile di una sostanza subatomica. Esso descrive anche l'etere come forma gassosa dell'elettrone – l'etertone.

"Nel Wikappendix, troverete una discussione di un nuovo modello di struttura atomica chiamato Cellula Atomica Vacuometrica, o 'CAV.' Al centro della CAV vi è un vero vuoto che forma la forza nucleare forte che tiene insieme l'atomo . In questo modello, oltre all'elettrone liquido e all'etertone gassoso, vi è una fase solida dell'elettrone chiamato 'speckra.' Questo modello suggerisce che tutti gli elementi sono costituiti da speckra dimensioni differenti disposti in una struttura cimatica formata dalle onde sonore risonanti, o onde di energia, della Spirogrid.

"L'uso della frase 'onde sonore' può essere un termine improprio per le frequenze di risonanza della Spirogrid. Tuttavia, il termine è preso in prestito dal campo della cimatica, dove le onde sonore vengono usate per creare delle forme e fenomeni che sfidano la gravità. La formazione di modelli complessi, forme e strutture dinamiche che utilizzano onde sonore è una delle manifestazioni più interessanti che si trovano nei laboratori e studi della comunità scientifica e artistica. La magica somiglianza dei modelli cimatici, forme e movimenti a quelli che si trovano nel mondo naturale non può essere una coincidenza. Esiste chiaramente una componente di risonanza alla massa e materia della Spiroverse.

"In un certo senso, il modello di struttura cimatica della materia su scala atomica assomiglia ad un video di plasma che fluisce attraverso i vasi sanguigni, dove la natura semi-statica delle cellule dei vasi sanguigni sono solo leggermente in movimento rispetto al rapido flusso delle cellule del sangue.

"Ogni elemento, e composto, ha uno specifico DNA atomico all'interno del suo nucleo vacuo che definisce la sua struttura cimatica. Ogni elemento è costituito da una dimensione specifica di speckra. La caratteristica unica dello speckra è che, indipendentemente dalle sue dimensioni, ha una densità uniforme. Indipendentemente dalla dimensione o massa di un atomo di un elemento o una molecola, in quanto è costituito da speckra con la stessa densità ed è sospeso in un supporto rotante, ruoterà intorno alla stessa distanza dal centro di rotazione. Pertanto, quando un materiale è in forma gassosa, le particelle subatomiche di spektra ruotano alla stessa distanza dal centro del nucleo atomico. Questo spiega perché tutti i gas hanno lo stesso volume molare indipendentemente dalla massa dell'atomo o composto.

"Disegni e discussioni della Cella Vacuometrica Atomica sono forniti nell'Appendice FNU Wikappendix.

"In conclusione, nel descrivere fenomeni naturali, ogni problema deve essere esaminato sulla base di caso per caso. Sono le forze causate da energie cinetiche derivanti dalla velocità dinamica o corporea? Sono le energie di traslazione o di rotazione? C'è una componente di energia potenziale? Quali sono le forme cimatiche, le strutture e le frequenze di risonanza? Ci potrebbero essere una miriade di combinazioni e permutazioni di fattori interconnessi che renderebbero il problema troppo complesso per capirlo davvero. Ma, questo è il bello. Siamo in grado di passare una vita, o molte vite, a conoscere l'universo fisico e tutti i fenomeni naturali che ci circondano.

"Si conclude la parte teorica e scientifica della mia rivelazione," dichiarò Manta, mentre si spostava a lato del podio.

"Tutte le teorie e la scienza sono state necessarie per darvi un fondamento tecnico prima dell'avvento dei prodotti che offriremo al mondo.

"Anche se siamo passati attraverso alcune lunghe conferenze, so che non siete il tipo di uomini d'affari prestigiatori, e che vorrete conoscere tutti i dadi e bulloni di questa tecnologia.

"Ora è il momento di rivelare che cosa state aspettando di vedere", disse Manta eccitato.

Si diresse verso il fondo della sala conferenze e aprì la porta di una piccola cabina armadio. Scomparve nel ripostiglio per un attimo e poi uscì con una pila di documenti in volumi rilegati. Egli li distribuì, porgendo una copia a ciascun membro del gruppo. I documenti avevano "Piano Industriale" scritto sulla copertina. Scomparve nel ripostiglio di nuovo per afferrare il resto dei documenti da passare al gruppo. Dire che questi documenti rilegati erano pesanti sarebbe dir poco. Erano spessi tre pollici e imbottiti di informazioni. Il gruppo non sapeva cosa pensare ancora, ma Manta, d'altra parte, era molto eccitato, questo momento era finalmente arrivato, la sua grande rivelazione.

Scomparve di nuovo nell'armadio. Questa volta riemerse spingendo un carrello ricoperto da un drappo.

CAPITOLO 9

TECNOLOGIA E PIANO INDUSTRIALE

Miles Manta spinse il carrello verso la parte anteriore della sala conferenze. Tirò via il drappo e rivelatò quello che sembrava un brillante, lucido aggeggio in acciaio inox. Non c'erano parti in movimento apparente, solo un paio di interruttori e una presa di corrente.

"Prima di entrare nel merito del Piano Industriale che vi ho appena passato, ho voluto mostravi la tecnologia, perché so che voi tutti stavate aspettando l'invenzione a cui stavo alludendo che cambierà le carte in tavola," disse Manta mentre guardava verso il gruppo. Nessuno dei membri stava guardando verso di lui, però. Avevano tutti gli occhi incollati all'aggeggio.

"Dal momento che io sono sicuro di aver capito tutto, la chiave per la nostra tecnologia è la possibilità di sfruttare l'energia dal moto spirografico della Spiroverse.

"Allegato al Piano Industriale Business c'è un brevetto in attesa di essere autenticato. Questo brevetto copre la tecnologia chiave per raggiungere il nostro obiettivo. La premessa di base della presente invenzione è che la potenza elettrica viene estratta dal moto spirografico dell'universo dal cosiddetto 'Densiti ™ marchio di fabbrica della Cella a Densità-Pressione.

"Di fronte a voi c'è una forma di realizzazione della presente invenzione. Questo è un sistema portatile da diecimila watt che è grande circa come un tostapane. Questa unità è completamente sufficiente per fornire energia ad una casa di medie dimensioni, o ad una piccola auto per pendolari. Ulteriori elementi possono essere aggiunti in serie o in parallelo, per produrre praticamente qualsiasi ordine di potenza.

"Stiamo organizzando per avere milioni di questo dispositivo in breve ordine di tempo. Questa unità sarà inizialmente concessa in leasing, non venduta. Tutte le proiezioni finanziarie sono contemplate nel Piano Industriale. "

Alcuni dei membri stavano sfogliando il Piano Industriale per vedere particolari sezioni che li interessavano. Altri erano troppo impegnati a fissare la Cella a densità-pressione.

"Sì, ci saranno alcuni intoppi per i fornitori di sistemi di alimentazione convenzionali," Manta continuò. "Ma c'è una disposizione nel nostro Piano Industriale dove questi possono rapidamente rimettersi in gioco.

"Dopo che il nostro brevetto sarà scaduto ci sarà una sana concorrenza, simile al business dei telefoni cellulari di oggi, ma la nostra società dovrebbe restare il leader del settore, per tutto il tempo che noi, o nostri successori, faremo in modo che questo accada.

"Non c'è davvero molto altro da dire su questo, altro che: Eccolo qui,", disse Manta.

Azionò un interruttore e un proiettore da cinquecento watt illuminò fino al soffitto. Il gruppo era ipnotizzato.

"Prendiamoci una pausa e giochiamo con questa cosa per un po ',"suggerì Bill con entusiasmo.

"OK, dopo la pausa ritorneremo su alcuni dei punti chiave del Piano Industriale", disse Manta.

Tutti lasciarono i loro posti e si raccolsero intorno al dispositivo.

Una grande eccitazione serpeggiava tra il gruppo. Claire divenne un po 'emotiva e disse con calma, "Immaginate persone svantaggiate in parti remote del mondo che avranno semplici comodità come acqua potabile, luci e aria condizionata nella loro casa."

Gli altri membri del gruppo pensavano a tutte le possibilità che questo avrebbe potuto potenzialmente avere per il mondo.

"Possiamo farne uno abbastanza piccolo per alimentare dei cellulari?" chiese Carlos.

"Possiamo dipingere alcune fiamme su di un lato?", scherzò Drew, sorridendo.

"Vorrei utilizzarlo per la mia barca", disse Phillip.

Tutti erano d'accordo: questo era vero, e magnifico.

Mentre i membri del gruppo guardavano da vicino, Miles Manta descrisse come la sua invenzione funzionava.

"Il dispositivo genera un voltaggio da un gradiente di pressione-densità. Fondamentalmente, è una batteria che si ricarica a pressione. La differenza di pressione, o densità, crea una differenza di tensione tra le interfacce plasma alle regioni di anodo e catodo, proprio come una batteria. Ma invece di basarsi sul voltaggio naturale che si verifica tra due metalli diversi, il voltaggio viene creata da una differenza di pressione densità causata dalla pressione o vuoto, "spiegò Manta.

"Non era mai stato fatto prima?" chiese Carl.

"No", rispose Manta. "Dispositivi piezoelettrici possono creare un voltaggio per mezzo di una pressione, ma fanno affidamento sulle proprietà elettromeccaniche di alcuni materiali, come i cristalli di quarzo. Essi non hanno niente a che vedere con il progetto della nostra invenzione che funziona per differenza di densità-pressione.

"Altre domande?" chiese Manta.

"Sì. Ci sono dei materiali di consumo connessi con il progetto? " chiese Marcos.

"Sì, ci sono materiali di consumo e delle esigenze di manutenzione," Manta spiegò. "Questi problemi vengono affrontati nel Piano Industriale nella sezione sette, credo.

"E il Piano Industriale è quello che dobbiamo discutere adesso. Passiamo un paio di minuti a guardare a questo progetto e poi prendiamo di nuovo posto. "

IL PIANO INDUSTRIALE- I PROFILI NASCOSTI

Una volta che tutti i membri ebbero ripreso posto, Manta si sedette al tavolo e iniziò la sua presentazione del Piano Industriale.

"Ho preparato questo piano aziendale formale per voi", disse Manta, riferendosi al volume di tre pollici di spessore rilegato a spirale che aveva fornito a ciascuno dei membri del gruppo.

"Poichè sono sicuro che voi abbiate avuto a che fare molte volte in passato con altri piani aziendali, voi riguarderete questo materiale con la piena aspettativa che entro un paio di mesi ve ne allontanerete sia dallinea che dallo scopo. Ma questo piano è necessario, e credo che tutti gli orari, le tappe, e le aspettative sono realizzabili e non ce ne dovremo allontanare troppo.

"La premessa di base del nostro progetto si basa su una domanda: 'Se voi aveste una tecnologia per soddisfare le esigenze energetiche di tutto il mondo, come dovreste diffondere le informazioni, realizzare e distribuire la tecnologia, per creare un business redditizio e vantaggioso per il bene di tutte le persone e per l'ambiente? '

"Con questo in mente, gli obiettivi possono essere suddivisi in quattro categorie di base: Tecnologia, Azienda, Ambiente e Sociale. Queste quattro categorie sono, naturalmente, altamente correlate e intrecciate tra loro.

"Abbiamo già toccato la tecnologia associata con questa invenzione. In questo momento, non credo sia necessario spendere troppo tempo su altri aspetti del Piano Industriale. Ma ci sono informazioni specifiche che vorrei fornire nel tempo rimasto per oggi ", spiegò Manta, guardando l'orologio.

"OK, Miles," lo interruppe Bill. "Ti prego di tenere presente che noi dovremmo votare sulle nostre intenzioni se assumere i doveri aziendali di questa nuova impresa o meno. Suppongo che tu abbia predisposto ruoli e compiti specifici per tutti noi, ma dobbiamo prima votare. E, renditi conto che abbiamo bisogno di digerire tutto questo prima della votazione. Sulla base della dimostrazione della tua tecnologia, probabilmente tu avrai un assegno in bianco, con tutte le nostre aspirazioni. Ma posso parlare solo per me. "

"Sì, certo", convenne Manta. "I ruoli di ciascuno di voi sono abbastanza ben esplicitati nel Piano Industriale. Possiamo includere tali informazioni nelle nostre discussioni alla fine del mio intervento, prima di votare. "

Manta si allontanò dal tavolo e dai fogli che aveva sparsi davanti a lui "Voi tutti sapete che il mondo è sul punto di finire in pezzi. Sì, c'è una parvenza di collaborazione che sembra molto positiva. Ma c'è anche un senso opprimente che tutto potrebbe crollare domani. Quello che sto dicendo è, vi prego di tenere presente che noi dobbiamo agire rapidamente con il nostro Piano Industriale Plan per le migliori intenzioni di tutti. "

Manta si alzò e spinse il carrello un po' di lato in modo da poter avere più spazio per camminare dietro il leggio, e poi continuò.

"La necessità di una struttura aziendale è il motivo per cui voi siete qui oggi. Sì, avremo la tecnologia per cambiare il mondo, ma non potremmo andare da nessuna parte senza il tipo di capacità di leadership, esperienza, integrità, e di gestione che tutti voi avete dimostrato, "Manta spiegò mentre si spostava in mezzo dietro il podio e si metteva le mani in tasca.

"C'è un'altra cosa che non vi ho ancora rivelato", proseguì lentamente, con un'espressione contrita sul suo volto. Sperava che avrebbero accettato bene questa notizia.

Manta notò che alcuni membri del gruppo si spostavano a disagio nelle loro sedie e altri avevano uno sguardo nervoso sui loro volti. Bill, che era abbastanza bravo nel rimanere il più equilibrato del gruppo, fu l'unico a mantenere un'espressione inalterata.

"Ricordate quando vi ho messo al corrente di aver manipolato l'organizzazione Trek, e tutti voi, quando ho cercato di formare questo gruppo?" Manta chiese cautamente. "Spero che a questo punto tutti voi abbiate superato la fase di stupore e risentimento. E spero di aver riguadagnato la vostra fiducia, perché quello che ho da raccontarvi adesso può essere altrettanto sconcertante per alcuni di voi.

"In primo luogo, lasciate che vi dica la mia esperienza con i profili di personalità. Come CEO (amministratore delegato), so che voi avete familiarità con questi, ma restate con me e permettetemi di illustrarvi il mio punto.

"Circa due anni prima che io entrassi in Trek, ebbi un incontro a pranzo con un socio di affari. Lo incontrai nel suo ufficio. Mentre ero seduto nel suo ufficio in attesa che finisse ciò di cui stavamo discutendo, mi raccontò di un servizio di profili di personalità che aveva organizzato per la sua impresa, che lo aiutava ad intervistare potenziali dipendenti. Solo per divertimento, prima di lasciare il suo ufficio, compilai un questionario semplice e diretto, e lui lo inviò via fax alla società di servizi.

"Dopo pranzo tornammo di nuovo nel suo ufficio, dove i risultati del mio profilo di personalità erano ritornati e giacevano sulla sua scrivania. Egli li guardò e annuì con approvazione. Poi disse, 'sembra che ti si adatti come una maglietta, e me li porse.

"Lo lessi, e fui completamente scioccato. Mi descriveva perfettamente. Era come se qualcuno stesse sbirciando nella mia anima. L'analisi era così accurata e profonda che mi veniva da urlare, 'Basta, mi arrendo.' Naturalmente, essendo una persona di grande fiducia in me stesso, fui orgoglioso della persona che la valutazione rivelava, sia delle qualità buone come delle non - buone.

"Alla luce delle mie circostanze, cercando di capire chi ero e perché ero qui, divenni ossessionato con il concetto della profilazione della personalità. Era chiaro che si trattava di un metodo per portare il mio messaggio al mondo. Entrai subito in sintonia con la scienza della valutazione della personalità e mi ritenni l'esperto in materia a più alto livello.

"Ho capito che potevo usare queste tecniche per realizzare uno scopo. Uno dei motivi principali per cui sono entrato in Trek è stato quello di ottenere una piattaforma mondiale per condurre i miei esperimenti di profilazione della personalità.

"Sono sicuro che una lampadina si è appena accesa in tutti i vostri cervelli. Fui io che istituii i questionari obbligatori all'interno dell'organizzazione Trek. Li istituii, poi mi hanno lasciato requisire i dati e quelle informazioni sono il motivo per cui tutti voi siete qui oggi e parte del Gruppo Trek T9. Ma io feci un ulteriore passo avanti, però. "

Manta scrutava i visi mentre parlava per cercare di valutare eventuali reazioni da parte dei membri. Non riusciva a ricordare l'ultima volta che aveva visto qualcuno muoversi, però. I membri erano congelati ascoltando la rivelazione di Manta.

"In un certo modo," Manta continuò, "io ho requisito tutte le vostre aziende."

Manta vide diversi occhi che si sgranavano, a questo punto, mentre si guardava intorno. Camminando intorno al leggio, indicò mentre parlava. "Rajneesh, raccontaci del grande ordine che la tua azienda ha ricevuto per materiali ceramici conduttori per l'azienda chimica americana.", disse Manta.

"Sì", disse Rajneesh, "questo sarà il più grande ordine di questi materiali speciali che abbiamo mai avuto, forse nessuno lo ha mai avuto."

"Indovinate?", rispose Manta. "Queste ceramiche conduttive sono i materiali elettrodi per la Cella Pressione Densità, che stà sul tavolo di fronte a te."

Manta poi si rivolse a Carl e chiese: "Carl, conosci il progetto di generatore portatile a micro-turbina che la vostra azienda ha sviluppato per quella azienda americana di sport e ricreazione?"

"Sì," rispose Carl, "abbiamo appena finito il nuovo stabilimento di Yanzin."

"Beh, se togli il coperchio da quell'unità sul tavolo laggiù, avrebbe un aspetto molto familiare per te, perché la vostra azienda ha assemblato i componenti chiave", disse Manta.

"OK, Phillip, sei il prossimo", disse Manta. "Raccontaci della società tedesca che ti ha assunto per lo sviluppo del trattato legale in tutto il mondo per la condivisione dell'energia elettrica solare per uso domestico."

"Questo è stato praticamente tutto il nostro impegno a livello aziendale per gli ultimi quattro anni, e non si è limitato all'energia solare, ma a qualunque energia generata in casa da fonti rinnovabili", spiegò Phillip.

"Sì, questo era puramente intenzionale. Il tuo lavoro costituisce la base giuridica di come noi possiamo collegare le Celle Densità Pressione nelle case con un semplice permesso di ingresso ", rispose Manta.

"Oh mio Dio", disse una voce dal fondo della tavola. Era Malik. "Suppongo che quell' enorme progetto per gli inverter multifase che abbiamo sviluppato nel corso degli ultimi quattro anni sia come collegare la Cella Densità Pressione alla rete?" chiese Malik. "E il nostro cliente ci aveva fatto credere che erano per le applicazioni di pompaggio dell'acqua a distanza."

"Penso che tutti voi abbiate capito," rispose Manta. "Ognuno di voi ha già avuto una parte nel portare questo prodotto sul mercato, senza nemmeno saperlo.

"La costruzione e gestione di un società globale non è facile, come tutti voi sapete. Tutti voi qui avete seguito e migliorato i modelli di business sviluppati dalle più grandi multinazionali del mondo. Il Piano Industriale è stato studiato appositamente per attagliarsi alle vostre capacità e profili di personalità.

"Certo, il tempismo è tutto. La libera impresa è veramente una grande cosa, ma può diventare pessima quando la nuova tecnologia dirompente provoca panico e dolore per il mercato e la concorrenza. Questo è qualcosa che tutti noi dovremo gestire.

"Ognuno di voi ha già svolto un ruolo importante nello sviluppo di questo prodotto", aggiunse Manta. "Il Piano Aziendale mostrerà che tutto quello che dovete fare è mettere nella chiave, avviare il motore, e spingere il piede sul gas."

Manta si fermò e fece un respiro profondo. Si accorse che non aveva ancora visto molto movimento dal gruppo. Sembravano tutti congelati, o sciocchati, con le informazioni. Erano come cervi storditi.

UN MONOPOLIO VENTENNALE

Manta cambiò posizione per stare accanto al lato del podio e appoggiare il braccio su di esso. Questo cambiamento di posizione aveva inconsapevolmente fatto riaggiustare nei loro posti anche i membri.

Guardò fuori dalla finestra per un breve istante e poi continuò.

"Come sapete, i governi di tutto il mondo permettono di inventori di mantenere il monopolio sulla loro nuova tecnologia, tipicamente per venti anni. Questo monopolio sarà concesso a noi in cambio della nostra comunicazione di come funziona l'invenzione. Naturalmente, manterremo i nostri segreti commerciali.

"Io sono un convinto sostenitore del diritto del rilascio di brevetti. In realtà, oltre alle leggi di vita, libertà e giustizia per tutti, a mio parere la possibilità di brevettare la propria tecnologia è probabilmente la più grande legge scritta sui libri. Gli investitori sono premiati per il loro rischio, ed la gente trae beneficio da nuovi prodotti e servizi a prezzi accessibili.

"Il Piano Industriale mostra come possiamo ottimizzare la posizione del nostro monopolio.

"Ci sarà una maggiore standardizzazione, meno sprechi, più efficienza e meno duplicazione degli sforzi. Quando saranno trascorsi i 20 anni e sarà finita, sarà nato un settore dell'industria del tutto nuovo che sarà guidato nella competizione di fornire al cliente un servizio migliore ad un costo minore.

"L'idea di un monopolio non è generalmente ben recepita dal pubblico. Ma se si guarda alla storia di alcuni dei più grandi monopoli, c'erano dei lati buoni. Ad esempio, durante il monopolio del servizio telefonico americano da parte della AT & T, questi furono in grado di sviluppare e standardizzare i protocolli per i complessi requisiti di commutazione e furono in grado di collegare l'intero paese ad un ritmo impressionante. Questi modelli di standardizzazione sono anche ciò che ha reso possibile Internet.

"Il pubblico può percepire che il monopolio sia scorretto e consente solo ai ricchi di diventare più ricchi", continuò Manta. "Ma questa percezione è totalmente sbagliata. La base per un inventore di avere diritti di sua proprietà per 20 anni è il miglior esempio possibile della redistribuzione della ricchezza. Nel nostro caso, in base ai vostri stili collaudati di gestione, noi saremo alla fine pubblicamente messi sul mercato, consentendo a tutti i livelli della società di avere una quota di proprietà. Ci saranno accordi giusti ed equi di fornitore di servizi. Ancora una volta, nello spirito di impresa privata, sarà il nostro obiettivo di essere il più grande esempio di distribuzione della ricchezza nella storia dell'umanità.

"Mi aspetto che la qualità della vita sarà per voi il motivo principale di lavorare per questa società, e questo vale per tutti, dal CEO più in alto fino alla persona che spazza il parcheggio. Ci dovrebbe essere una grande soddisfazione nel vedere il successo e la crescita della nostra impresa. Il duro lavoro dovrebbe essere ricompensato e i anche gli inerti dovrebbero avvertire la spinta.

"Il Piano Industriale è solo un modello che penso potrebbe funzionare. Spetta a voi decidere dove andare, e quando e come agire. Spetta a voi decidere per quanto tempo conservare l'invenzione privata e quando passarla di proprietà pubblica. Siete stati scelti per questo lavoro, e ho piena fiducia che voi prenderete le decisioni giuste.

"Come indicato nel piano, anche se avremo una base di produzione notevole, un grande flusso di entrate sarà dovuto agli accordi di licenza delle nostre tecnologie."

Manta guardò l'orologio e vide che avevano superato praticamente il tempo. Riportò la sua attenzione al gruppo e continuò brevemente.

"Qualcosa che potrete notare nel Piano Industriale è che io non sono un ufficiale nella società. Rimarrò nel consiglio di amministrazione e solo per il tempo per cui sarò necessario. Ma, c'è un altro lavoro importante a cui devo prestare la mia attenzione. Non vedo l'ora di condividere queste informazioni con voi, in un altro momento.

"Io in realtà ho appena notato che siamo praticamente fuori dal tempo. Mi scuso per aver proseguito per così tanto tempo oggi. C'erano così tante informazioni da stipare in questa riunione di otto ore. "

Bill pensò rapidamente, si schiarì la gola, e poi parlò. "Non so il resto di voi, ma posso dire che personalmente sarei disposto a modificare il mio orario di lavoro questa sera al fine di rimanere qui ancora per qualche ora. Avrei bisogno di una pausa di chiamare la mia famiglia per far loro sapere che sarò a casa più tardi del previsto, però. "

Bill si rivolse agli altri membri del gruppo, senza indugio per vedere come si sentivano e se qualcuno aveva un conflitto di interessi. Ciò che Manta aveva presentato al gruppo era stato materia di tale presa che nessuno dei membri del gruppo era pronto ad aggiornare il terzo incontro. Il consenso fu quello di prendere una pausa così tutti potevano chiamare le loro famiglie, Manta incluso, per far loro sapere che sarebbero stati a casa più tardi stasera.

CAPITOLO 10

PREPARAZIONE PER LA PROSSIMA PIÙ GRANDE CALAMITÀ — L'INVERSIONE DEI POLI

Dopo aver parlato con le loro famiglie, tutti ritornarono. Era stata una lunga giornata, ma erano ansiosi di sentire la divulgazione di Manta fino alla fine. Manta si mise di nuovo in piedi nella parte anteriore della stanza e si rivolse al gruppo.

"All'inizio, ho descritto come Benjamin Franklin ebbe il 50% di possibilità di indovinare nel modo giusto, quando suppose la direzione del flusso del "fluido" elettrico. Dopo la sua identificazione della polarità positiva e negativa, in uso ancora oggi, era a centottanta gradi lontano dalla verità, e, ad oggi, i flussi di corrente elettrica vanno in direzione opposta del flusso reale di elettroni - il fluido che Benjamin Franklin imbrigliò con i suoi esperimenti di elettricità statica.

"Come è potuto succedere? Perché la comunità scientifica non modificò la sua riflessione? E' successo perché c'erano interessanti rivalità tra i diversi rami della sperimentazione elettrica nel nuovo campo dei fenomeni elettrici durante la metà degli anni 1850.

"In precedenza, nel 1820, Alessandro Volta d'Italia aveva costruito la prima batteria. Nel 1830, Sir Humphry Davy utilizzò la batteria di Volta per scoprire i processi elettrochimici per isolare elementi. E nella più grande realizzazione di Humphry, egli menzionò Michael Faraday, che gli succedette in tutti gli aspetti inventando modelli dimostrabili del motore elettrico e del generatore elettrico, e anche porre le basi per le discipline di induzione magnetica ed elettrochimica.

"È interessante notare che, Faraday era stato educato come un pensatore pratico informale. Divenne assistente di Sir Humphry Davy mentre faceva l'apprendista come rilegatore. Presentò a Davy un volume rilegato di suoi appunti scritti a mano dalle conferenze pubbliche di Davy. Davy riconobbe il talento di Faraday e subito lo assunse come assistente di laboratorio.

"Anche se tutti questi progressi si verificavano durante questo periodo di tempo, i leader scientifici stavano sforzandosi di comprendere i meccanismi dei fenomeni elettrici osservati. Faraday, noto come 'Il grande sperimentatore,' costruì le sue invenzioni dalle sue osservazioni pratiche. In altre parole, non conosceva esattamente cosa generasse le forze che facevano funzionare i suoi dispositivi a induzione elettrica.

"Questo scenario fornì un terreno fertile per un ambiente competitivo tra i credenti convinti dell'elettrostatica (esperti nel campo dell'elettricità statica), sostenitori della induzione elettrica, ed esperti in elettrochimica.

"Alla fine, i sostenitori dell'induzione vinsero, e il mondo adottò il loro modello per la direzione della corrente elettrica. Tra i maggiori esponenti nel campo dell'induzione elettrica durante la seconda metà del 1800 fu James Clerk Maxwell. Le equazioni di Maxwell sono propagandate ancora oggi come le equazioni più significativi nello sviluppo della scienza. Ma è molto importante capire che le equazioni di Maxwell non ci dicono nulla sulla causa dell'induzione magnetica. Le sue equazioni descrivono solo la grandezza e la direzione in base alla sua definizione della direzione della corrente elettrica e la grandezza della carica. Ancora una volta, la corrente nelle equazioni di Maxwell viaggia in senso opposto al flusso reale degli elettroni.

"Come nota a margine, non è un caso che il lavoro di Einstein sulla relatività prese in prestito pesantemente dal modello di Maxwell, sia scientificamente che politicamente. La cosa grandiosa delle equazioni di Maxwell è che possono spiegare il senso e la portata di certi fenomeni, ma non c'è modo di spiegare che cosa li causa. Questo è stato un modello molto utile per superare il dilemma dell'etere. Uno studio approfondito del successo di Einstein con la relatività mostrerà che ponendo la questione dell'etere fuori dalla sua piccolezza era davvero la sua più grande realizzazione.

"Che cosa significa questo per noi oggi?" Manta chiese al gruppo.

LA REGOLA DELLA MANO DESTRA

Manta sfogliò alla pagina successiva delle sue note sul podio e continuò.

"Parte della moderna pratica elettrica convenzionale (non teoria), e le equazioni di Maxwell, è la regola della mano destra. Ciò significa che quando una corrente elettrica continua (DC) viene inviata attraverso un conduttore (filo), la corrente elettrica nel conduttore provoca un campo indotto nella direzione che indicano le dita, quando si allinea il pollice destro nella direzione della corrente, "Manta spiegò mentre dimostrava visivamente al gruppo che cosa intendesse utilizzando le mani.

"Vi prego di comprendere come questo campo indotto di cui sto parlando non è una cosa immaginaria. È molto reale. Ad esempio, se si volesse inviare una notevole quantità di corrente elettrica attraverso un filo, diciamo cinquanta ampere, e allo stesso tempo si tenesse in mano un piccolo pezzo di materiale magnetico, come ferro o acciaio, a circa quattro pollici dal filo, il campo indotto lancerebbe quel pezzo di metallo attraverso la stanza. La direzione in cui il metallo sarebbe lanciato è in conformità con la regola della mano destra, vedete.

"Ora, di nuovo, il flusso di elettroni nel filo viaggia nella direzione opposta alla corrente elettrica, così utilizzare la regola della mano sinistra describerebbe più accuratamente la direzione del campo rispetto al flusso di elettroni e il suo effetto sul pezzo di metallo . Ma, alla fine, l'accettazione comune che il flusso standard di corrente sia opposto al flusso di elettroni non ha impedito alla scienza e all'industria, di progettare e costruire motori elettrici e generatori per alimentare le nostre città.

"Questa applicazione dei campi indotti ha un grande significato nella nostra vita quotidiana moderna. Le centrali elettriche hanno generatori che fanno girare elettromagneti che inducono campi elettrici che producono ventimila volt, o più. Questo tipo di potenza potrebbe vaporizzarvi in un microsecondo.

"Il funzionamento di tutti i dispositivi di potenza, come ad esempio motori elettrici e generatori, e alcuni dispositivi elettronici, come induttori in un circuito radio o in un alimentatore elettronico, sono tutti progettati con la regola della mano destra. La direzione del campo indotto è allineato nella direzione corretta in modo che questi sistemi funzionino correttamente. "Manta fece un gesto con le mani ancora una volta a sottolineare quello che stava spiegando.

"Perché il campo indotto si allinea nella direzione secondo la regola della mano destra? Nessuno lo sà. Cioè, nessuno lo sapeva. L'Appendice FNU Wikappendix svela i meccanismi di induzione elettrica sulla base della nostra scoperta della Spirogrid e la teoria etertrone.

"La scoperta della Spirogrid ci rivela che vi è una tendenza a sinistra nell'universo," Manta spiegò mentre dimostrava sulla lavagna come apparirebbe una tendenza a sinistra, con l'illustrazione di una spirograph. "Notate come vi è una rotazione costante a sinistra mentre si forma la spirograph.

"Vi prego di notare che sto parlando come stessimo usando una vera regola di mano-sinistra, che si basa sulla corretta direzione degli elettroni indotti in un circuito elettrico.

"Ora che siete stati introdotti all'etertrone, la componente corporea della Spirogrid, un esame mostra che noi, tutta la nostra galassia, stiamo costantemente girando a sinistra relativamente al movimento corporeo dell'etertrone, anche se non ce ne accorgiamo. È simile al fatto che stiamo in piedi orizzontalmente su una faccia curva della terra e roteando a 1670 km / h, ma per noi tutto è piatto, livellato e statico.

"Come descritto nell'Appendice FNU Wikappendix, la tendenza a sinistra del moto corporeo della Spirogrid è la causa della direzione del campo indotto.

"Tuttavia," Manta fece una pausa prima di continuare, "qualcosa di molto traumatico sta per verificarsi nel prossimo futuro, che cambierà tutto questo."

Spostò alcune carte di nuovo intorno sul leggio mentre si prendeva qualche momento per raccogliere i suoi pensieri.

INVERSIONE DEI POLI MAGNETICI

I membri del gruppo erano nel punto in cui nient'altro che Manta potesse dire loro li avrebbe scioccati molto, anche se si fosse trattato di cose che potevano scioccare. Nessuno si mosse nei loro posti o fece alcun tipo di rumore durante questi brevi momenti.Le informazioni di Manta li avevano coinvolti, ed erano ansiosi di conoscere la sua prossima rivelazione. Alcuni di loro, nelle loro menti, cercavano di indovinare cosa avrebbe detto, ma nessuno ne era sicuro a questo punto.

Manta si schiarì la gola e continuò.

"Nel prossimo futuro, in un istante, il movimento Spirogridico dell'universo passerà da una tendenza a sinistra in una vera tendenza a destra.

"A causa della natura del moto Spirogridico, vi è un punto nel tempo e nello spazio dove il moto spirografico passa con un movimento continuo da rotazione a sinistra ad una rotazione a destra senza alcuna variazione percepita o effetti sulla materia solida esistente, "Manta spiegò mentre di nuovo faceva un gesto con le mani per mostrare come lo schema sarebbe cambiato.

"Quando si verificherà questo cambiamento, le persone e gli animali non noteranno alcun cambiamento, e non sentiranno nulla di diverso. Sarà come se niente fosse accaduto. Non ci sarà alcun cambiamento nel modo in cui la

Terra ruota nè si ripara dalle radiazioni. Anche le famose aurore boreali sembreranno di continuare come al solito.

"Che cosa cambierà, tuttavia, è che ogni dispositivo umano che funziona con campi indotti elettricamente smetterà di funzionare."

Manta notò molti occhi spalancati per la stanza e, ancora, nessuno si mosse di un centimetro nei loro posti o fece alcun tipo di rumore.

Manta sapeva che questa informazione sarebbe sembrata sorprendente in un primo momento e continuò, rallentando il ritmo del discorso.

"Perciò, che cosa questo significa è che i motori elettrici gireranno al contrario, se persino saranno in grado di funzionare. I generatori smetteranno di generare. Anche gli alimentatori elettronici e componenti di circuiti che si basano sull'induzione magnetica smetteranno di funzionare.

"Ora ascoltate attentamente. Io non sono preoccupato per l'energia elettrica, i motori, generatori, o dispositivi elettronici, anche se queste sono tutte cose molto importanti che usiamo quasi ogni giorno. Io non sono preoccupato perché questi dispositivi potranno essere rimessi a posto una volta che il problema verrà scoperto. Quello che mi preoccupa sono i supporti di memoria magnetica.

"E 'molto possibile che ogni disco rigido del mondo sarà cancellato. Ho indagato gli effetti sulle memoria flash, ma, per il momento, il verdetto non è ancora stato emesso se siano recuperabili o meno.

"Una cosa che posso dire per certo è che Internet scomparirà immediatamente. Se si possa o no recuperare, e quanto tempo ci vorrà, non ne abbiamo la più pallida idea.

"Ho incluso un piano di emergenza per affrontare questa parte del Piano Industriale, così, ogni volta che si verifica questa inversione dei poli magnetici, non metterà fine alla società che io ho proposto a tutti voi.

"Con questo, signore e signori, ho completato la mia comunicazione." Manta rimase immobile per un momento. "Cosa piacerebbe fare a tutti voi?" Manta quindi chiese al gruppo, mentre piantava i suoi occhi negli occhi di ciascuno dei dodici.

Ci fu un silenzio nella stanza mentre tutti e dodici immediatamente sfogliavano il Piano Industriale per trovare la sezione sulla inversione dei poli magnetici. Una domanda principale risuonava in tutte le loro menti.

"Quando dovrebbe verificarsi questa inversione dei poli?" chiese Walter, esprimendo le preoccupazioni di tutti.

"Questo io non sono in grado di dirlo", disse Manta. "Non so perché non posso darvi una risposta precisa su questo, ma io sono completamente all'oscuro. Ci ho pensato molto, ed è possibile che forse non può essere conosciuto con certezza, perché vi è una certa casualità per il tempo esatto quando avrà luogo. Ad esempio, se fate girare una trottola e la lasciate andare sul pavimento, si può dire esattamente quando si ribalterà? No, ma quello che sappiamo è a un certo punto è tenuta a ribaltarsi. Con il lasso di tempo associato all'inversione dei poli magnetici i, potrebbe accadere domani, o potrebbe accadere tra 50 anni. Tutto quello che so è che dobbiamo mettere il piano di emergenza in ordine il più presto possibile, perché è destinato ad accadere ad un certo punto ", disse Manta.

"Quando leggete le pagine del piano di emergenza, su cui credo tutti voi siete adesso, vedrete che non comporta un ampio annuncio di disastro imminente. Ci sarà un approccio sistematico per far conoscere al pubblico questi problemi e preoccupazioni, e quindi il mercato si metterà in posizione di fornire i prodotti per affrontare il problema.

"Fondamentalmente, i mezzi di supporto dati verranno pubblicizzati come 'resistenti all'inversione dei poli.' La parte importante sarà sul lato produttivo. Vale a dire, i dispositivi di lettura di memoria dovranno essere progettati per funzionare correttamente o essere in grado di essere facilmente commutati quando l'induzione magnetica passerà dalla regola falsa della mano destra, alla vera regola della mano sinistra ", spiegò Manta. "Naturalmente, la nostra azienda ha già il brevetto pronto e noi saremo coinvolti nella concessione di licenze e nella distribuzione di questi prodotti."

"OK, penso che tutti noi abbiamo capito l'essenziale di questo", disse Bill. "Sappiamo tutti quello che dobbiamo fare ora. Dobbiamo votare se siamo dentro o fuori nella nuova società di Miles. "

Bill fece una breve pausa, poi continuò. "Io posso parlare solo per me, ma sono entusiasta di fare parte di questo sforzo. La transizione sarà incredibilmente liscia per uscire dalla mia azienda, ovviamente, non una coincidenza casuale dopo aver appreso delle attività del signor Manta. "Bill girò lo sguardo sugli altri per valutare il loro interesse nella proposta commerciale di Manta.

"E 'stato un corso intensivo, ma abbiamo avuto tutti un sacco di tempo per pensarci sù e dormire su queste nuove idee che Miles ci ha presentato. Potremmo votare ora per scoprire dove ci troviamo, e poi andare avanti da lì. Cosa ne pensate? "Bill chiese al gruppo.

"Io presento una mozione che votiamo per determinare se ci siamo tutti dentro," suggerì Malik.

"Io approvo la mozione," intervenne Katerina.

"OK, abbiamo una mozione sul tavolo e un voto a favore", disse Bill. "Chi è in favore di un impegno collettivo per la società energetica descritta nel Piano Industriale posto davanti a noi scritto da Mr. Miles Manta?"

Il voto fu un immediato dodici SI', che causarono brividi istantanei attraverso la sala. Il comportamento del gruppo rimase professionale, ma c'era sicuramente un'aria di eccitazione che fluttuava.

"E riguardo a te Miles, quale sarà la tu prossima crociata?" chiese Bill.

Manta si schiarì la voce e prese di nuovo la parola.

"Ci sarà molto di più per noi di cui parlare, comprese le promesse non mantenute che ho fatto ad alcuni di voi di rispondere a domande specifiche sul futuro. Per ora, tutti capiamo che c'è un bisogno immediato di iniziare questa impresa memorabile per risolvere la crisi dell'energia mondiale e ambientale, e voi dovete essere i protagonisti. Quanto a me e la mia prossima crociata, ora che io stesso mi sono rivelato, non posso sedermi e non fare nulla per il prossimo potenziale disastro Chebala. Come potete immaginare, ci saranno sforzi per militarizzare questa nuova tecnologia per ottenere una superiorità militare. Il mio ruolo nel modo in cui tutto questo traspare dipenderà dalla forma del mio avversario. Quindi, a parte questo, cominciamo ... "

~~La fine~~

VOLANTINO A
LA COSTRUZIONE DI UN'EQUAZIONE,
LA REVISIONE DELLA SECONDA LEGGE
DI NEWTON E DI " E = MC² "

In modo molto ampio, i progressi tecnici che vediamo succedersi nel nostro mondo di oggi esistono grazie alla nostra capacità di formulare equazioni matematiche che modellano il comportamento e le forze della materia. Le espressioni matematiche sono spesso il linguaggio delle nuove rivoluzioni nella scienza e nella tecnologia.

Come vengono costruite queste equazioni? Alcune sono fatte di puro intuito, altre con la forza del calcolo.

In primo luogo, vorrei iniziare con alcuni esempi di pura intuizione.

ESEMPIO DI EQUAZIONI DI INTUIZIONE

LEGGE DI OHM

Tutti i dispositivi elettronici sono progettati con l'aiuto di un'equazione chiamata legge di Ohm. La Legge di ohm è la seguente:

$$V = IR.$$

Dove V = tensione (unità di "Volt"), I = corrente elettrica (unità di "amperaggio") e R = resistenza (unità di "ohm")

Per me questa equazione è evidente, soprattutto se la riscriviamo nella forma:

$$I = \frac{V}{R}.$$

È ovvio perché sappiamo fin dai primi giorni degli esperimenti di Ben Franklin, che la corrente elettrica è analoga al flusso di un fluido incomprimibile in un tubo. Dagli esperimenti di Alassandro Volta e lo sviluppo del primo voltmetro, sappiamo che la tensione è analoga alla pressione che spinge il liquido attraverso un tubo. Pertanto, possiamo formare intuitivamente la seguente espressione:

$$I \; \alpha \; V,$$

Che dice "il flusso di corrente è 'direttamente' proporzionale alla tensione. O, in altre parole, "quando sale la tensione, la corrente viaggia".

Ora sappiamo che i tubi creano una "resistenza" al il flusso di un fluido, in altre parole, è più facile spingere acqua attraverso un tubo grande (diciamo 2,5 centimetri di diametro), che attraverso un tubo di piccolo diametro che è la metà del diametro di una cannuccia per bere. Se non mi credete, riempite la bocca con acqua e cercare di soffiare l'acqua attraverso una cannuccia piccola e confrontatelo con un tubo della stessa lunghezza, ma dieci volte più grande in diametro.

Intuitivamente, possiamo dire "il flusso è 'inversamente' direttamente proporzionale alla quantità di resistenza", in altre parole "più alta la resistenza più bassa il flusso". Inserendo il rapporto nella nostra precedente espressione, il rapporto può essere espresso matematicamente come segue:

$$I \propto \frac{V}{R} \; .$$

In questo esempio di sviluppo di un rapporto matematico non ci sono altri fattori. Incredibile, è tutto qui! Poiché non ci sono altri fattori che influenzano il flusso di corrente elettrica, possiamo sbarazzarci del simbolo "proporzionale", α e sostituirlo con il segno multivalente di uguale, =, come segue:

$$I = \frac{V}{R}$$, che può essere scritto come il più familiare,

$$V = IR \; .$$

Ancora una volta, vi prego di comprendere il significato di questa equazione. Un moderno chip di computer contiene un circuito elettrico estremamente complesso con centinaia di milioni di transistor e resistenze. Ognuno di questi componenti infinitesimali funziona esattamente secondo questa equazione, con la precisione della scala atomica.

Un altro esempio di un'equazione intuitiva è l'espressione esatta di ciò che definiamo come potenza, $P = VI$, dove P = potenza (watt), V = volt e I =

corrente (ampere). Questa espressione può essere derivata intuitivamente perché possiamo ragionare che la potenza è direttamente proporzione al valore dei due fattori, tensione e corrente. L'espressione è esatta, o completa, perché come per legge di Ohm, non ci sono altri fattori da considerare.

L'EQUAZIONE PER LA RESISTENZA ELETTRICA, R

Ora facciamo uso della nostra capacità di ottenere equazioni basate sull'intuizione per affrontare un problema relativo a determinare la "resistenza", R, del flusso di corrente elettrica in un tubo o in un conduttore. Ricordate, il passaggio del fluido in un tubo e il flusso di corrente elettrica in un conduttore sono analoghi.

Come abbiamo già discusso, il flusso nel tubo è più rallentato quando il tubo è più piccolo di diametro, quindi sappiamo che la resistenza del tubo è "inversamente" proporzionale all'area della sezione del tubo, espresso come segue:

$$R \propto \frac{1}{A}$$

Dove R è la "resistenza" e "A" è l'area della sezione del tubo, o conduttore.

Ora, intuitivamente, sappiamo che più è lungo il tubo o conduttore, più resistenza avrà il flusso del fluido nel tubo. Questo è un rapporto "diretto". Pertanto, includiamo questo fattore nella nostra espressione come segue:

$$R \propto \frac{L}{A}$$

Dove "L" è la lunghezza del tubo o del conduttore.

Ma questa equazione non è completa, perché sappiamo intuitivamente, che la resistenza al flusso è anche una funzione di densità del fluido, o nel caso di flusso elettrico, la "conducibilità" o "resistività" del conduttore. Ad esempio, il rame ha molto più "conducibilità" rispetto all'acciaio. Quindi, intuitivamente possiamo dire che "il flusso di corrente elettrica è 'direttamente' proporzionale alla conducibilità del metallo", e questo può essere preso in considerazione nella nostra equazione come segue:

$$R \propto \frac{\sigma L}{A}$$

Dove "σ", sigma lettera greca, viene usato per esprimere il valore di "conducibilità" di un conduttore, in genere un metallo. Vi prego di notare che avremmo potuto utilizzare l'espressione "resistività", ρ, rho lettera greca, ma avrebbe dovuto essere collocato nel denominatore, perché il flusso di corrente sarebbe "inversamente" proporzionale alla resistività del conduttore. La conducibilità è una proprietà fisica unica di ogni materiale conduttore, e secondo la scienza moderna, definiamo il valore di conducibilità come l'inverso del valore di resistività (unità "ohm-cm"). Gli scienziati possono scegliere l'espressione che preferiscono usare.

A differenza dell'intuitiva derivazione della legge di Ohm e, qualora la derivazione termina con un'espressione finale assoluta, l'equazione per la resistenza, R, lascia spazio ad altri fattori. Potremmo aggiungere altri fattori nella nostra equazione, quali temperatura, pressione, che potrebbero cambiare il valore di conducibilità, σ. Tuttavia, per il lavoro di base nel campo dell'elettronica, i progettisti utilizzano l'equazione in questa forma:

$$R = \frac{\sigma L}{A}$$

Vi prego di comprendere che ciò che rende intuitive le equazioni di sopra è che abbiamo una buona comprensione dell'analogia del flusso di energia elettrica rispetto al flusso d'acqua. Un grande credito deve andare ai pionieri della scienza, come Isaac Newton, Michael Faraday, Ben Franklin, Alessandro Volta, Louis Ampere e George Simon Ohm. Essi non ebbero il vantaggio di comprendere le "unità" di misura che diamo per scontato, loro le inventarono. Di nuovo, noi abbiamo il vantaggio di stare sulle spalle di questi giganti.

EQUAZIONI DI MAXWELL – ESEMPIO DI INTUIZIONE CIECA

Un esempio di quello che potrebbe essere considerato il più alto livello di equazioni intuitive potrebbero essere quelle che sono indicate come "Equazioni di Maxwell".

Vediamo l'espressione della cosiddetta "Legge di Gauss" per campi elettrici. In modo eccessivamente semplificato, l'equazione è la seguente:

$$E = \frac{\rho}{\varepsilon_0}$$

Dove E = forza del campo elettrico (Newton / Coulomb), ρ = densità di carica (coulomb per metro cubo), eE_0 = elettrico costante dielettrica di spazio libero.

Intuitivamente, l'espressione stà dicendo: "la forza del campo elettrico è 'direttamente' proporzionale alla densità di carica della fonte della carica e 'inversamente' proporzionale ad alcuni fattori dissipanti del mezzo circostante chiamato 'permittività elettrica'".

Purtroppo, con le equazioni di Maxwell, l'intuizione finisce in una fase precoce, per una combinazione di motivi, tra cui motivi filosofici e scientifici.

Problemi scientifici derivano dal fatto che campi elettrici sono in tre dimensioni e sono influenzati dal movimento. Ad esempio, quando si sposta un magnete vicino ad un filo che fa parte di un circuito continuo, il "campo" del magnete induce una corrente nel circuito che si oppone al movimento. Inoltre, il "campo" di un magnete naturale, bobina di induzione o elettromagnete, ha proprietà direzionale. Pertanto, la vera espressione per legge di Gauss, è come segue:

$$\vec{\nabla} \circ \vec{E} = \frac{\rho}{\varepsilon_0}$$

I simboli di freccia e il circoletto sono degli operatori matematici molto complessi che spiegano il rapporto come un "vettore", "differenziale" e "prodotto scalare", con significati non intuitivo di "divergenza", "ricciolo" e "gradiente". Pochissime persone possono padroneggiare questi concetti, e mi tolgo mio cappello di fronte a chi può comprendere questa matematica di alto livello.

Il problema filosofico nasce dal fatto che con le equazioni di Maxwell, non si dà nessuna definizione diretta di ciò che è il campo elettrico. I libri di testo stabiliscono soltanto che "dice che esiste". A differenza degli esempi intuitivi qui sopra riportati per la legge di ohm, dove noi possiamo immaginare il flusso di acqua in un tubo, con l'induzione magnetica c'è un'enorme difficoltà di comprensione per mezzo di analogie, del vero significato dei fattori. Diventa una questione di filosofia perché essa risiede nella realtà dell'opinione, della speculazione, del dogma e della fede.

Quando si cerca il significato delle equazioni di Maxwell sembra non esserci fine per i livelli di complessità connessa con le spiegazioni dei molti fenomeni elettromagnetici. Guadare attraverso i display di doppia e tripla integrazione e il tentativo di discernere il valore reale alla miriade di equazioni esoteriche, può essere un'esperienza scoraggiante. Una ricerca delle applicazioni delle equazioni di Maxwell dimostra che non sempre funzionano, e solo modelli più avanzati di "quantum" hanno dimostrato di essere precisi, richiedendo più fede. A volte si può congetturare che le spiegazioni "quantistiche" sono solo fantasiose parole per dire che noi non abbiamo idea di cosa sta davvero succedendo.

Le equazioni di Maxwell e la mancanza di un modello meccanicistico per fornire una comprensione dei fenomeni elettromagnetici basata fisicamente, fornì ad Einstein e ai detrattori di Newton la teoria dell' etere, un piano di parità per ottenere la supremazia. Le accettazioni delle equazioni di Maxwell, senza il modello meccanicistico, furono sfruttate da un gruppo di élite all'interno della comunità scientifica per ottenere potere e notorietà, evocando teorie avanzate senza dover dimostrare niente. La base delle loro teorie era che l'etere è "superfluo", quindi tutto và, e andrà nella maniera che diciamo.

Ora, con la comprensione della natura fondamentale dell'universo e il moto spirogridico di tutta la materia, ci sarà un notevole passo avanti nella nostra comprensione delle interazioni di materia ed energia, tra cui l'induzione elettrica.

Ora, esaminiamo lo sviluppo delle equazioni non intuitive associate con $E = mc^2$.

VOLANTINO A - SECONDA LEGGE DI NEWTON E LA REVISIONE DI " E = MC^2 " (CONSIGLIATA ESPERIENZA DI CALCOLO)

La maggior parte di ciò che sappiamo circa il comportamento delle forze e dei moti proviene dal lavoro di Isaac Newton (1643 – 1727). Fu Newton che correttamente definì, con equazioni matematiche, il rapporto tra ciò che è massa, quantità di moto e forza. Il suo lavoro ci ha dato la possibilità di aggiungere, sottrarre, moltiplicare e dividere gli effetti di forza e movimento.

Ma c'era qualcosa di più che è venuto fuori dal suo lavoro, forse più di quanto egli poteva immaginare. Era la capacità dei potenti strumenti di calcolo, vale a dire, derivate e integrali, di guidarci nella nostra scoperta di forme sconosciute di forza, movimento ed energia.

I potenti strumenti di derivazione e integrazione ci hanno permesso di scoprire e capire cose che vanno oltre l'intuizione umana. Uno degli esempi più famosi sarebbe l'equazione che ha portato alla fama Albert Einstein, $E = mc^2$.

Credito deve andare anche ad un altro personaggio principale nella scoperta del calcolo infinitesimale, Gottfried Leibniz (1646-1716).Sono i suoi sistemi di annotazione che sono oggi utilizzati per mostrare gli operatori di derivazione e integrazione.

Ma, è Newton, che ottiene il credito per la definizione di ciò che conosciamo come massa, forza (o peso) e quantità di moto. Da queste grandezze di base deriviamo tutti i valori noti di forza ed energia.

Quando Newton iniziò il suo lavoro c'era solo una conoscenza rudimentale del concetto di massa. Galileo, Kepler e Hooke avevano sviluppato teorie legate alla massa di un oggetto, ma il concetto non era stato pienamente compreso.

Ciò che è fondamentale per il concetto di "massa" è che Newton lo usò per definire la " quantità di moto ". Questa è il punto di svolta fondamentale che ha consentito grandi scoperte e progressi.

La quantità di moto è semplicemente la massa di un oggetto moltiplicata per la velocità, o,

Quantità di Moto = M = massa (kg) x Velocità (metri al secondo) = mv

Così, perché è il concetto di quantità di moto importante? Egli usò la quantità di moto per definire la seconda legge del moto, che afferma:

"Il tasso di variazione della quantità di moto di un corpo è uguale alla forza risultante che agisce sul corpo ed è nella stessa direzione."

Come la velocità è uguale alla variazione in distanza per unità di tempo, la forza è uguale alla variazione della quantità di moto per unità di tempo. Newton era esattamente corretto; funziona. La descrizione matematica di questo concetto è il seguente:

$$Force = F = \frac{Change\ in\ Momentum}{Change\ in\ Time}$$

$$F = \frac{(mass\ x\ Velocity\ 1) - (mass\ x\ Velocity\ 2)}{(time\ 1 - time\ 2)}$$

O, come gli scienziati e gli ingegneri si esprimono,

$$F = \frac{\Delta mv}{\Delta t}$$ dove m = massa, v = velocità, Δ = Delta = cambiamento o differenza.

Oppure, utilizzando la moderna notazione di Leibniz per Calcolo Infinitesimale,

$$F = \frac{d\ mv}{d\ t}$$ dove m = massa, v = velocità

dove, $\frac{d\ mv}{d\ t}$, detto "il valore istantaneo di $\frac{d\ mv}{d\ t}$ mentre il valore di dt si avvicina a zero."

Uno dei motivi per cui l'uso del calcolo infinitesimale è estremamente importante è che senza di esso, l'espressione per la forza con Δt nel denominatore, $F = \frac{\Delta mv}{\Delta t}$, non potrebbe essere risolto per il valore "istantaneo".

Senza calcolo infinitesimale, la velocità istantanea richiederebbe un valore pari a zero nel denominatore, $\Delta t = 0$, che naturalmente, non è consentito; esso non è definito.

Questo è simile al problema "Area sotto la curva" che rese perplessi i matematici per decenni prima della scoperta del calcolo infinitesimale. Può sembrare sottile, ma non è; le regole di calcolo infinitesimale ci permettono di superare questo serio ostacolo.

Chiunque abbia studiato ingegneria o fisica riconoscerà l'equazione estratta dalla seconda legge di Newton del moto:

$$F = \frac{d\,mv}{d\,t}.$$

Poiché il valore della massa è costante, l'equazione è più spesso scritta come:

$$F = m\frac{d\,v}{d\,t}, \text{ dove } \frac{d\,v}{d\,t} = \text{accelerazione} = a.$$ Di conseguenza,

$$F = Force = ma.$$

E questa equazione è la più famosa di tutta la scienza.

Questa equazione è quello che ha definito il moto dei pianeti e costituisce la base di tutti gli standard e specifiche materiali.

Questa equazione è quello che vi dice quanto pesate. Ad esempio, voi potreste pesare 150 libbre (forza). Nel sistema metrico più ragionevole, il "peso" non è specificato in termini di forza, ma piuttosto in massa, dove una forza di 150 libbre è prodotta da una massa di 68 kg (massa), nella gravità terrestre. L'unità di massa nel sistema americano sono "lumache", così nel sistema americano di misura la massa è 150 libbre diviso per l'accelerazione terrestre di 32,2 ft/sec, /32.2 quindi $150^2 = 4,7$ lumache (massa). Lumache? Un altro esempio, perché l'America ha bisogno di adottare il sistema metrico prima possibile.

LA REGOLA DEL PRODOTTO DEL CALCOLO INFINITESIMALE — L'ALTRA METÀ DELLA SECONDA LEGGE DI NEWTON

Con l'invenzione del calcolo vennero diverse specifiche "regole" che possono essere utilizzate per risolvere i problemi di integrazione e differenziazione. Uno strumento così potente è la "**regola del prodotto**" del calcolo, anche chiamata "Legge di Leibniz". Come con altre procedure inventate con la matematica del calcolo, la "regola del prodotto" è precisa nello stesso modo come addizione, sottrazione, moltiplicazione e divisione.

La **regola del prodotto** descritto in termini matematici è come segue:

$$F = \frac{d\,(xy)}{d\,t} = x\frac{dy}{dt} + y\frac{dx}{dt}$$

Come descritto sopra, la scoperta di Newton della 2 ° legge di moto è:

$$F = \frac{d\,(mv)}{d\,t}$$

Prima, abbiamo introdotto la F = ma, sopra, e abbiamo detto che la massa è una "costante" e non cambia. Essendo la massa una costante, questo ci ha permesso di spostare il valore della massa al di fuori della derivata (massa non cambia rispetto al tempo). Ma, se la "massa" cambia? Questa era l'affermazione di Einstein. Quindi non è una costante e noi non possiamo spostarla davanti all'equazione.

Se la massa non è costante, dovrebbe essere notato che la vera soluzione alla seconda equazione legge del moto di Newton, secondo la regola del prodotto di calcolo, è come segue:

$$F = \frac{d\,(mv)}{d\,t} = m\frac{dv}{dt} + v\frac{dm}{dt}$$

In un linguaggio semplice questa formula afferma che la forza è uguale alla quantità di massa moltiplicata per l'accelerazione (F = ma, che usiamo quotidianamente) , più la velocità moltiplicata per il cambio di massa nell'unità di tempo.

Newton presumibilmente cancellò la seconda parte dell'equazione, credendo che $\frac{dm}{dt}$, il cambio di massa nell'unità di tempo, fosse zero. Ancora una volta, questo avrebbe senso, perché per quale motivo la massa dovrebbe cambiare? La massa è materia e la materia non cambia.

Tuttavia, durante il periodo di Einstein alla fine del 1800 e nel primo 900, la gente faceva esperimenti con i concetti di particelle sub-atomiche, compreso elettroni e il misterioso etere. Poteva la massa delle particelle atomiche cambiare? Poteva questa seconda parte dell'equazione, $\frac{dm}{dt}$, essere utilizzata per derivare E = mc²?

Questa espressione della seconda legge di Newton in termini della regola del prodotto non è una novità. Naturalmente Newton stesso avrebbe espresso la derivata $\frac{d\,(mv)}{dt}$ in questo modo (nel suo stile di notazione). Ma, mettiamoci noi stessi ai tempi di Newton.

Newton visse tra gli anni 1643 – 1727. Si era prima della scoperta dell'atomo, prima della scoperta degli elementi, dell'elettricità, della chimica o della tavola periodica. La visione di Newton dell'universo era principalmente concentrata sul regno macroscopico, il movimento degli oggetti fisici come terra, luna e pianeti.

Non sappiamo quanto tempo ci volle, ma l'espressione di $v\,\frac{dm}{dt}$, dove $\frac{dm}{dt}$ dice del "cambio di massa nell'unità di tempo," a quanto pare non fu neanche presa in considerazione da Newton.

Sappiamo che Newton era un fautore di ciò che egli chiamava "il luminescente etere". Si potrebbe pensare che cercava di mettere in relazione l'etere all'espressione $\frac{dm}{dt}$.

L' ARRIVO DI EINSTEIN

Era sulla valutazione del rapporto tra massa ed energia che si presentò un bivio nel cammino della comprensione moderna nella natura dell'universo fisico. Ma, aggiungiamo un altro fattore, la luce.

Perché dobbiamo aggiungere la luce nella questione? Perché c'era una polemica sulla natura della luce e — dimenticate la scienza — la polemica è uno sport popolare.

La controversa questione dell'etere era venuta a galla. L'etere doveva essere il "mezzo" attraverso cui viaggiavano "onde" di luce. Ma l'esperimento di Michelson-Morley mostrava che non c'era nessuna variazione della velocità della luce rispetto al movimento della terra. Le spiegazioni meccanicistiche dell'etere erano state accolte da parte dei dotti uomini di scienza. I fautori dell'etere semplicemente non potevano immaginare un modello di etere che funzionasse. Probabilmente l'ultima tesi formale sul tema dell'etere era stato presentata alla conferenza Nobel del 1902, lo stesso anno Hendrik Lorentz aveva ricevuto il premio Nobel ed era intitolata

"Teoria degli elettroni e della propagazione della luce," dove la teoria descrive "il mondo fisico come composto da tre cose separate, composte da tre tipi di materiale da costruzione: primo tipo la materia ordinaria tangibile o ponderabile, secondo tipo gli elettroni e terzo l'etere. "

Non molto tempo dopo Lorentz rilasciò la sua famosa dichiarazione, "Io sono alla fine del mio latino," rinunciando a difendere il suo modello di etere.

Einstein offriva un'alternativa ad un etere tangibile. La sua alternativa includeva la dualità onda-particella " della luce. La doppia natura della luce che proponeva era che la luce si comportava come un'onda sotto tutti gli aspetti delle leggi ben consolidate di propagazione delle onde e delle interferenze che si applicano alle normali onde sonore, ma, in assenza di un mezzo, la luce si propagava come una particella, chiamata "fotone". Pertanto, la sua teoria non richiedeva il mezzo dell'etere, o era "superfluo".

È possibile effettuare le proprie ricerche su Internet per trovare esempi che mostrano la derivazione di $E = mc^2$ offerta da Einstein. Generalmente descrive un "esperimento di pensiero" dove c'è una finestra nello spazio, e un fotone è lanciato da sinistra a destra, trasferendo la sua quantità di moto sul lato della finestra. La conservazione della quantità di moto viene applicata al fotone "senza massa", perché apparentemente in determinate circostanze è possibile assegnare massa al fotone senza-massa.

Questa derivazione da Einstein è la pietra angolare del Vangelo della moderna fisica delle particelle.

Dall'equazione $E = mc^2$, gli scienziati ritengono che l'energia di un chilogrammo di zucchero (o qualsiasi altra "massa") sia equivalente a 21,48 megatoni di TNT. Questa energia è considerata energia "intrinseca" della massa, e quella massa *è* energia , e viceversa.

Si trova quando si ricerca la derivazione di $E = mc^2$ che ci sono soluzioni che spaziano da una pagina, a pretese che ci vorrebbe un intero libro per mostrare la derivazione. Più si studiano le leggi della fisica più si vede come ci sono diversi approcci per arrivare alla stessa conclusione. Questo è in realtà prevedibile di qualcosa che è effettivamente vero ed è una sorta di prova. Non importa che ci siano derivazioni più complesse; le derivazioni semplici dovrebbero essere sufficienti per comunicare la teoria.

I problemi reali si trovano con la gente che crede che bisogni risolvere questo problema con i modelli esclusivi della "meccanica quantistica" e "relativistica" per essere compresi solo da una classe di elite del sacerdozio. A mio parere, se non può essere spiegata a una persona di media intelligenza ed istruzione, allora comincia ad essere più una questione di "fede" piuttosto che di vera scienza. Diffidate di persone che vogliono fare questi concetti più complicati di quello che devono essere.

LA REVISIONE DI E = MC²

Nella derivazione dell'equazione completa della nuova energia, vedi le figure da 5 a 10 del capitolo 7. Abbiamo utilizzato il processo di <u>integrazione</u> per calcolare l'area sotto la curva che si genera quando si calcola quantità di moto rispetto al tempo. Questa derivazione ci ha portato alla formula ben nota e ampiamente utilizzata per l'"energia cinetica", $E_k = \frac{1}{2}mv^2$.

Inoltre, il processo di integrazione, attraverso la necessaria "costante di integrazione," ci ha portato alla comprensione dell'energia "transformic", E_t, una forma di energia intrinseca alla massa. Inoltre, il processo di integrazione ha prodotto una componente di energia "potenziale", E_p, la quale possiede forme conosciute e forse sconosciute.

Dal processo di integrazione e dal modello del movimento spirographico dell'universo, abbiamo derivato la Nuova Equazione Completa dell'Energia, come segue:

$$E_{Total} = E_t + E_I = \left[\frac{1}{2}mv^2 + M_{to}v + e_{to}\right] + \left[\frac{1}{2}Iw^2 + M_{Io}w + e_{Io}\right]$$

Organizzando queste nelle tre(3) categorie fondamentali di energia, abbiamo:

$$\text{Total Energy Equation} = E_{Total} = \left[\frac{1}{2}mv^2 + \frac{1}{2}Iw^2\right] + \left[M_{to}v + M_{Io}w\right] + \left[e_{to} + e_{Io}\right]$$

Total Kinetic Energy   Total Transformic Energy   Total Potential Energy

dove, m = massa, v = velocità traslazionale, I = momento d'inerzia di massa, w = velocità angolare, e:

M_a = momento quantità di moto traslazionale, o lineare, della massa a causa del movimento   spirografico

M_{Io} = quantità di quantità di moto angolare o rotazionale, della massa a causa del movimento spirografico, e:

e_a = Energia potenziale, di origine sconosciuta (energia, lavoro, potenza, mgh, pressione x volume?)

e_{io} = Energia potenziale, origine sconosciuta (energia, lavoro, potenza, mgh, pressione x volume?)

Ora vediamo cosa si può fare con la derivazione della quantità di moto dalla seconda legge di Newton e la regola del prodotto. Sappiamo:

$$F = \frac{d\,(mv)}{d\,t} = m\frac{dv}{dt} + v\frac{dm}{dt}.$$

Per oggetti estremamente piccoli, quasi priva di massa che viaggiano vicino alla velocità della luce, supponiamo che essi non rallentino o accelerino, pertanto, $m\frac{dv}{dt} = 0$, o almeno si avvicina allo zero, pertanto:

$$\text{Force} = v\frac{dm}{dt}.$$

È un fatto scientifico che l'Energia (energia di lavoro) è uguale alla Forza moltiplicata la Distanza, ovvero:

Energia = forza Δx = F Δx, dove Δx = cambiamento nella distanza.

O, come indicato tramite calcolo, che l'energia è l'area sotto la curva quando si calcola la Forza rispetto alla Distanza, pertanto:

$$\text{Energia} = \int F\,dx.$$

Sostituendo il valore di F:

$$\text{Energia} = \int v\,\frac{dm}{dt}\,dx,$$

$$\text{Energia} = v \int \frac{dm}{dt} \, dx = v \frac{dm}{dt} x \quad .$$

Così, ora abbiamo un'espressione che dice che l'Energia è uguale alla velocità (v) moltiplicata per la variazione di massa divisa per il tempo $(\frac{dm}{dt})$, moltiplicato per un valore di distanza (x).

Secondo le regole dell'algebra, questa equazione può essere scritta:

$$\text{Energia} = dm \, v \, \frac{x}{dt} \quad .$$

Notate nella precedente equazione che $\frac{x}{dt}$ è un'espressione per la velocità. Pertanto, come l'esempio fornito nella figura 9 della storia principale, dove abbiamo giocato con la possibilità di sostituire i valori per la velocità della luce nelle equazioni dell'energia trasformic, possiamo supporre che il valore di "v" sia la velocità del moto del modello Spirogridico che stà viaggiando alla velocità della luce ($v = c$), e che la massa stia traslando, muovendosi attraverso lo spazio, alla velocità della luce $(\frac{x}{dt} = c)$. Allora l'equazione diventa:

$$\text{Energia} = m \, v \, \frac{x}{dt} = mcc = mc^2 \quad .$$

Ma, come descritto in figura 9, ci sono un certo numero di problemi con l'opinione popolare sulla sua equazione. L'energia della massa non è intrinseca, come la maggior parte credono, ma è associata con l'energia cinetica del moto della massa. Se una tale velocità traslazionale fosse possibile, l'espressione $E = mc^2$ sarebbe solo una parte dell'energia totale della massa. Che prove abbiamo che la velocità $v_{grid} = c$? Forse è più elevata. Inoltre, porrebbe delle domande su possibili limiti al valore della velocità traslazionale,, e il vero rapporto tra movimento traslazionale e corporeo.

Quindi, cerchiamo di guardare ancora una volta la derivazione della quantità di moto dalla seconda legge di Newton e la regola del prodotto:

$$F = \frac{d\,(mv)}{d\,t} = m\frac{dv}{dt} + v\frac{dm}{dt}$$

.

Vengono suggerite diverse possibilità. La prima possibilità, la massa viene conservata e non può essere creata né distrutta, pertanto il valore di $\frac{dm}{dt}$ è zero. Una seconda possibilità è che il valore di $\frac{dm}{dt}$ è relativo ad un cambiamento di massa causata dalla massa aggiunta o sottratta dal sistema.

Una terza possibilità è che esso è relativo al cambiamento nel posizionamento geometrico di massa, e che la seconda legge di Newton stessa debba essere riscritta in termini di I, il momento d'inerzia. Ad esempio, il punto di massa ha un momento di inerzia. Esempi dello sforzo saranno forniti nelle future discussioni contenute nell'Appendice Wikappendix FNU.

Una scelta migliore sarebbe, piuttosto che cercare di conciliare $E = mc^2$ con qualche preconcetta costruzione, abbandonarla completamente e concentrare la nostra energia sulle applicazioni della Nuova Equazione completa dell'Energia, come descritto nelle figure 5-10 del capitolo 7 e nel volantino B.

"Volantino" Foglio Dati B – Riassunto della nuova complete equazione dell'energia

Equazione n. 1 – Equazione Distanza

La scienza moderna ci ha fornito un'equazione matematica per determinare l'esatta distanza percorsa in un periodo di tempo ad una determinata velocità e accelerazione. Come segue:

Distanza = $d = \frac{1}{2}at^2 + v_0 t + d_0$

Dove, d = distanza finale, a = accelerazione, e v_0 = velocità costante prima dell'accelerazione, and d_0 = distanza all'origine prima dell'accelerazione e di v_0 . Vedi dettagli in Figura 5.

Equazione n. 2 - Equazione dell'energia per una massa in movimento lineare, o "traslazionale"

Con lo stesso metodo utilizzato per derivare l'equazione della distanza, usiamo l'equazione di Isaac Newton per il momento ($M = mv$), per calcolare l'energia "translazionale" esatta di una massa in movimento. Vedere la figura 6 per I dettagli.

Energia Totale Traslazionale = $E_t = \frac{1}{2}mv^2 + M_0 v + e_0$

Dove, E_t = energia totale traslazionale di una massa che viaggia su una "linea", m = massa, and v = velocità

Equazione n. 3 –Equazione dell'Energia per una massa rotante, con velocità angolare, w

Con lo stesso metodo utilizzato per derivare l'equazione della distanza, usiamo l'equazione per la quantità di momento angolare (M = Iw), per calcolare l'energia di "rotazione" esatta di una massa rotante. Vedere figura 8 per dettagli.

Energia Totale Rotazionale = $E_I = \frac{1}{2}Iw^2 + M_{Io}w + e_{Io}$

Dove, I = momento d'inerzia della massa (funzione della massa and geometria, unità di kg-meter^2), and w= velocità angolare attuale della massa, and M_{Io} = momento angolare della massa prima dell'aumento di

Equazione n. 4 – la nuova equazione di energia totale per tutta la massa nell'universo

Per quanto ne sappiamo, tutta la massa dell'universo è in movimento, sia traslazionale che rotazionale. Pertanto, l'energia totale di qualsiasi massa è la sommatoria delleequazioni n. 2 e n. 3. Per dettagli, vedere la figura 9.

Equazione Energia Totale = $E_{Total} = E_t + E_I = [\frac{1}{2}mv^2 + M_{to}v + e_{to}] + [\frac{1}{2}Iw^2 + M_{Io}w + e_{Io}]$

Organizzando questi in 3 tre categorie fondamentali di energia, abbiamo:

Equazione Energia Totale = $E_{Total} = \left[\frac{1}{2}mv^2 + \frac{1}{2}Iw^2\right] + |\, M_{to}v + M_{Io}w\,| + |e_{to} + e_{Io}|$

Energia Cinetica Totale, E_K	Energia Trasformica Totale, E_{Tr}	Energia Potenziale Totale, E_P

Dove, m = massa , v = velocità traslazionale, I = momento d'inerzia della massa, w = velocità angolare, e

M_{to} = Momento traslazionale o lineare della massa dovuto al moto spirografico = mv_{grid}

M_{Io} = Momento rotazionale o angolare della massa dovuto al moto spirografico = $I_{Io}w_{Io}$, and,

e_{to} = Energia Potenziale,fonte ignota,(energia,lavoro,Potenza,mgh, pressione x volume)

e_{io} = Energia Potenziale,fonte ignota,(energia,lavoro,Potenza,mgh, pressione x volume)

Nota: L'espressione per l'energia totale Transformica, E_Tr, rende l'espressione E = mc^2 obsoleta e può essere applicata alle reazioni chimiche e termiche convenzionali, vedi figura 10.

INTRODUZIONE ALLA FNU
WIKAPPENDIX

L'appendice che segue questa introduzione è una descrizione volutamente incompleta. Inoltre, questa appendice farà parte di un lavoro in corso che comprende una FNU Wikappendix online, un blog, e delle newsletter.

Lo scopo di questa Wikappendix è quello di invitare la partecipazione di tutte le parti interessate nel portare avanti le idee e i concetti introdotti da Miles Manta. Gli individui e i gruppi che sono aderenti a queste idee e concetti, saranno incoraggiati ad utilizzare tutti i mezzi possibili per organizzare un forum aperto a discussioni, scambio di idee, e valutazione dei dati sperimentali. Ciò comporta, ovviamente, l'uso di Internet, inclusi blog e cooperazioni stile Wikipedia e metodi di revisione.

Si tratta di un'alta aspettativa pensare che la storia di Miles Manta potrebbe fornire informazioni universalmente accettate che descrivono una grande teoria unificata dell'universo. Tuttavia, come molte storie di fantascienza del passato, una trama fantasiosa e sbrigliata può effettivamente mettere i semi per germogliare nuove idee sull'energia e l'universo fisico.

Poiché la natura della Spirogrid comporta frequenze di risonanza, richiederà modelli più complessi, simili alle differenze tra circuiti AC e DC. C'era un ordine di differenza di grandezza nella complessità dei modelli matematici compresi e utilizzati da Thomas Edison per i suoi circuiti DC e da Nikola Tesla per i suoi circuiti AC. Ci saranno semplici modelli matematici della Spirogrid, ma chissà fino a che punto degli individui davvero brillanti svilupperanno le teorie presentate?

Ci sono componenti essenziali alla scoperta di nuovi concetti, disegni e invenzioni. Probabilmente il passo più importante stà nel guadagnare una preziosa esperienza attraverso la sperimentazione. Queste componenti essenziali per nuove scoperte comprendono la pazienza e la tolleranza, speicalmente associata col superamento degli errori. Quanti errori fece Thomas Edison prima di arrivare alle giuste conclusioni? Come nel caso di Edison, tuttavia, la persona che ha fatto molti errori rappresenta il bene più grande. La persona che capisce le limitazioni di solito è meglio equipaggiata per poi fare bene.

È la mia speranza, come autore, che le informazioni presentate, con tutte le sue imperfezioni, forniscano motivazione per una nuova conoscenza e realizzazione scientifica. Da una nuova comprensione scientifica, possiamo migliorare la nostra qualità di vita, con particolare attenzione che il nostro progresso non protegga solo l'ambiente naturale, ma che anche lo migliori. Sono convinto che gli esseri umani e il progresso che faranno possono sinergicamente coesistere con l'ambiente naturale. Credo che sia semplicemente una questione di scelta, - lo vogliamo o no? Se lo vogliamo, allora è semplicemente una questione di mettersi al lavoro.

Portare avanti un lavoro richiede energia - la parola che compare sulla prima pagina di praticamente tutti i giornali ogni giorno della settimana.L'energia è diventata così fondamentale per la nostra esistenza che, Dio non voglia, se dovessimo restarne privi, ci sarebbe disperazione e calamità, sia per le persone che per la flora e la fauna della Terra. Almeno questa è la mia opinione.

Lo scopo principale di questo Wikappendix, il forum conseguente e uno scambio aperto è quello di guardare avanti, non indietro. Tutte le informazioni possono essere utili, ma l'obiettivo più importante della scoperta scientifica dovrebbe essere quello di provvedere ai bisogni fisici del mondo di oggi e di domani, e non quello che è successo eoni fa. Concentriamoci sul futuro e su come possiamo fare i maggiori progressi nell'efficienza energetica per contribuire migliorare il nostro pianeta. È veramente importante come e perché l'universo si è formato in un Big Bang? Vale davvero il tempo e la spesa cercare di capire qualcosa che è accaduto 100 miliardi anni fa, o mille miliardi di anni fà, ancora una volta, come se fosse veramente importante? Qualcuno crede davvero che una teoria su quello che è successo all'inizio dell'universo cambierà la percezione di qualcuno verso Dio?

Vorrei portarmi indietro nel tempo al 1902, quando Hendrik Lorentz ricevette il Premio Nobel, e la conferenza per il Nobel intitolata "La teoria degli elettroni e la propagazione della luce" suggeriva " il mondo fisico come composto da tre cose separate, composto da tre tipi di materiale da costruzione: in primo luogo la materia ordinaria tangibile o concreta, per secondo gli elettroni, e per terzo l'etere ". In onore di Lorentz e altri scienziati che a cavallo del XIX secolo, si trattennero dal presumere nozioni, con la massina umiltà, vorrei fare la seguente proposta:

Ci sono quattro cose separate, prima la materia, seconda la distanza, terza il tempo, e quarta il Nulla (un vero vuoto), da queste quattro entità vengono tutte le forme di fenomeni materiali e di esistenza fisica.

La materia può presentarsi sotto forma di massa ponderabile, o massa imponderabile. La massa ponderabile sono gli elementi e composti che conosciamo, che si verificano in vari stati, tra cui solidi, liquidi e gas.

La massa imponderabile sarebbe nel regno subatomico, tra cui l'elettrone liquido-incomprimibile, e la forma gassosa-comprimibile di elettrone che, per amore di continuità storica, può essere chiamato etere.

Lo stato solido dell'elettrone potrebbe essere l'unità atomica base della massa ponderabile che per conciliare il fenomeno del volume molare, deve essere di densità generalmente uniforme, ma possibilmente di diverse dimensioni, lunghezza, forma o profilo materiale.

Le caratteristiche individuali e uniche della massa ponderabile, compresi gli elementi e i composti noti, si pensa possano essere causati da strutture cimatiche individuali e uniche che si verificano intorno a un vero nucleo vuoto. Questo nucleo vuoto, essendo il vero Nulla (un vero vuoto), produce delle forti forze nucleari a causa della intensa cavità "gravitazionale" creata dal movimento cinetico di risonanza di tutta la materia conosciuta nell'universo.

Infine, una domanda di brevetto è stata depositata su un dispositivo che funziona sui concetti descritti nel libro. L'obiettivo di questo brevetto è chiaro: la ricerca per sviluppare la prossima fonte di energia per il mondo. Le scoperte di base associati alla Cella Densità Pressione sono simili a quando abbiamo scoperto che i diamanti erano composti di carbonio puro. Era solo una questione di tempo per i ricercatori scoprire le condizioni di pressione e temperatura per trasformare economici blocchi di carbonio grafitico in diamanti. Naturalmente, il successo con la Cella Densità Pressione produrrà una grande quantità di prodotti e servizi, in modo simile ad altre innovazioni nella tecnologia.

Voi potete avere un ruolo in questo sforzo rispondendo allo sforzo in corso con la Appendice FNU Wikappendix, o sostenendo il nostro sforzo di utilizzare le idee presentate in questo libro per la produzione di energia pulita e affidabile, al sito www.wikappendix.com. Richiesta di informazioni da parte degli investitori sono gradite. Attendo con piacere un dialogo.

Cordiali saluti,
Angelo Spadoni
www.wikappendix.com

NOTA: Questo libro contiene descrizioni di un nuovo ramo del dominio intellettuale. Se interessati a far parte di questo sforzo, includendo un apporto di sostegno scientifico e finanziario, si prega di contattare l'autore presso www.angelospadoni.com.

APPENDICE
LA NATURA FONDAMENTALE
DELL'UNIVERSO (FNU)
APPENDICE IN COSTRUZIONE
(VERSIONE 1.0)
PER AGGIORNAMENTI E
DIMOSTRAZIONI VIDEO YOUTUBE VEDI
WWW.WIKAPPENDIX.COM

Contenuti :

Gravità dinamica — forza causata dalla velocità angolare
Esempio — azione della marea dalla rotazione della luna
intorno al baricentro

Forze
Forze Deboli (gravità)
Forze nucleari forti
Forze medie — forti contro medie contro deboli
Forza a distanza
Movimento centrifugo, $F = mv^2/r = mr\omega^2$, con il cambio di
centro di r

Forza di Archimede (di galleggiamento)

Struttura atomica
Un nuovo modello di atomo è richiesto. Perche '?
Volume molare — gas ideali
Temperatura e conducibilità termica
Fase di cambiamenti (solido, liquido, gas) — "Calore latente"
Legge dei Gas ideali — $PV = nRT$
Positivo e Negativo Attrazione/Repulsione
Forza a Distanza
Composti
Rivalutazione dell'esperimento di Rutherford
Modello suggerito— Cella Atomica Vacuometrica (VAC)
Il nucleo vuoto (Vacuum vero)
La Speckra
Flusso corporeo — Fenomeno AC
Etertrone (elettrone allo stato gassoso comprimibile)
Elettrone (elettrone allo stato liquido incomprimibile)
Effetto di strato limite
Opposizione o Sincronizzazione Spirogridici
positivi e negativi
VAC è un modello superiore della struttura atomica, ecco
Perché
Energia dell'atomo Intrinseca contro Estrinseca

Formazioni Cimatiche 3D — Risonanza AC
Perchè gli elementi hanno proprietà differenti

Particolarità della molecola d'acqua e del carbonio
Tavola periodica degli elementi — 118 strutture cimatiche
Successione di Fibonacci
Struttura materiale
Metallurgia fisica
Cristallografia
Strutture cimatiche eutettiche
Tensione superficiale

Luce
Semplice Meccanica Ondulatoria Oltre il Tutto
Esperimento di Michelson-Morley rivisitato
Tutti i gas trasmettono luce
Il Dilemma dell'etere
Il Fattore Photon Fudge
Effetto fotoelettrico
Nessuna cosa come il Vuoto
(Al di fuori della VAC, Buchi Neri e la materia oscura)
Invalidazione di Lorentz c^2
Materiali trasparenti e VAC
Un vero vuoto non sarebbe trasparente

Elettricità
Corrente elettrica
Magnetismo
Induzione elettrica
Tensione
Elettrochimica (serie galvanica & elettromotrice
potenziali/batterie)
Tensione indotta
Conduzione elettrica
Polarità — cariche Positive e Negative
Soluzioni ioniche

Termodinamica delle reazioni chimiche
Reazioni chimiche — endotermiche ed esotermiche
$\Delta I/\Delta t$ —variazione del momento di inerzia per unità di tempo
$\Delta\rho/\Delta t$ — variazione della densità per unità di tempo
Combustione

Esplosioni atomiche — miti di guerra fredda
    Fissione — esponenziale ma non neutroni
    Fusione — bugie di guerra fredda
Stelle, sole
Entalpia ed entropia
Conservazione dell'energia termica
    Ciclo vapore acqueo/precipitazioni
    Ciclo di anidride carbonica/ossigeno
    Idrogeno Egress ciclo termico
    Rotazione di Wilson

Cinetica delle reazioni chimiche

Equazioni di tasso logaritmico Human-Made
La nuova equazione completa energia e i tassi
    $\Delta I/\Delta t$ — variazione del momento di inerzia per unità di tempo
    $\Delta \rho/\Delta t$ — variazione della densità per unità di tempo
Decadimento radioattivo

Radiazioni

Aurora boreale

Combustione di Gas, idrogeno, metano, ecc.
Termoregolazione della temperatura del pianeta
    Aurora boreale e l'emissione di idrogeno

Fulmine

Fotosintesi

Polarità magnetica della terra

Come può passare istantaneamente
    Regola della mano destra dell'induzione elettrica

Moto browniano

Camera a nebbia

Ulteriori informazioni sulla storia dell'etere

    Vacuum "Pressione" del calcolo dello spazio
    "Nulla è qualcosa"

Il fluido elettrone
Mezzo comprimibile o incomprimibile
Il "Quantum" vista/Tendenza

Riscaldamento e raffreddamento globale
Equilibrio

Fenomeni materiali e dichiarazione di esistenza – generale
Materia
Tempo
Distanza
Nulla (vero vuoto)

L'AUTORE

L'autore Angelo Spadoni, cresciuto a Imperial Beach, in California, è il nipote di Anacleto Spadoni di Roccafluvione, in Italia, e Cleonice Mezzetti di Montefiascone, in Italia. Suo padre era Junkman John, noto anche come Black Jack da Onaway, Michigan, che era un fisico auto-didatta di particelle. Sua madre è stata un'insegnante di scuola materna che arrivò negli Stati Uniti dall'Italia dopo la seconda guerra mondiale nel 1945, che ha sempre anteposto il bene degli altri alle proprie comodità. Introdotto dal padre in tenera età a controversi principi scientifici, fu anche educato da sua madre a "sopportare pazientemente le persone moleste."

Ingegnere iscritto all'Albo, Spadoni ha una laurea in ingegneria metallurgica dalla California Polytechnic, SLO, ed è specializzato in elettrochimica.

Qual è il vostro Capitolo 4?

L'autore è alla ricerca di persone dello stesso pensiero che sarebbero interessate a condividere una ricerca per scoprire nuove verità nel campo della scienza e della religione. Ciò includerebbe il finanziamento per la creazione e produzione di documentari che possano interessare. Si prega di contattare l'autore presso www.angelospadoni.com, se siete interessati a dare un contributo o per altri accordi.